カラスはずる賢い、ハトは頭が悪い、サメは狂暴、イルカは温厚って本当か？

松原始

山と溪谷社

はじめに

人は見た目が9割、ともいう。

言葉が通じる人間同士でさえ、見た目の印象からは逃れられない。これがもし、最初から言葉の通じない、そして実際に出合うこともあまりない、動物相手だったらどうなるだろう？

例えば、ハシビロコウ。「いかつい見た目なのに動かない鳥」として紹介されたことで人気になったが、あれを紹介文抜きにパッと見たらどう思うか？　鋭い目つき、それを強調する隈取りのような目元の彫りの深さ、巨大な嘴《くちばし》。どう見たって悪役である。

そういう意味では、動物は見た目が10割なのである。

そこにいろんなキャッチフレーズがつくことまである。ライオンは百獣の王だし、サメは人食いでどう猛だし、カラスはずる賢い。こういった覚えやすいワンフレーズがついてしまうともう最強だ。見た目＋キャッチコピーは完全に人間の脳内に刷り込まれ、かくして、カラスはその辺を飛ぶだけで「襲ってきた」などと言われるのである。

完全に見た目だけで判断してしまった例を挙げよう。

ゴビ砂漠で世界で初めて、恐竜の卵化石が発見された時、ある恐竜の巣から成体の化石も見つかった。卵はプロトケラトプスという草食恐竜のものだと考えられたが、成体はプロトケラトプスではない。

頭骨が卵のすぐ横にあったので、この恐竜は卵を食べる捕食者であると判断され、オビラプトル（卵泥棒）と名付けられた。プロトケラトプスの卵を盗みに来て、砂嵐か何かに巻き込まれ、卵に手をかけたまま自分も死んでしまったのだろう、と。

ところがである。恐竜の卵の研究が進み、オビラプトルが「食べようとしていた」卵は、小型肉食恐竜のものであるとわかった。また、この仲間が巣を作って卵を世話していたこともわかってきた。

そう、それはオビラプトル本人の卵だったのである。巣の上で卵を保護し（あるいは温め）たまま、何かの事故があって死んでしまったのだ。

この誤解はあまりにも哀れである。だが、記載の混乱を避けるため、一度決まった学名は変えることができない。「慈愛の恐竜」とでも名付けられるべきだったこの種は、今も「卵泥棒」と呼ばれたままである。

私はカラスを研究しているが、もともと動物は全般に好きだ。また、私は動物行動学という分野を専攻していたが、これはいろんな動物を対象とする。

動物行動学とは**「動物はどういう行動をするのか」「その行動にはどんな意味があるのか」「そのとき、その動物の中ではどんなことが起こっているのか」**といったことを観察し、研究する学問だ。

ということで、広く浅くだが、動物の基本は知っている。自分で観察したこともあるし、読んだ、聞いた話もいろいろある。

その上で考えると、獅子が我が子を谷底に蹴り落としても意味はないし、かわいい小鳥が性格も優しいなんてことは全然ないし、イルカだってあれで怖いところはある。カラスが賢いかどうかさえ、もろ手を挙げて賛成はできない。

いくつかの詳細は本書に記したが、**動物行動学の目を通した動物は、決して世間で思われている通りの姿をしていない。第一、動物の行動はそんなに単純ではない。**

そもそも、あなたは自分の性格や行動を、たった一言で説明できるだろうか?

例えば私は日本酒が好きだが、だからってそれしか飲まないわけではない。居酒屋で1杯目はビールということもよくある。沖縄料理店なら料理と雰囲気に合わせて泡盛にするだろうし、なにか珍しい酒があればそれを試すことだってある。

これを一言で言うと、「その時々」「行き当たりばったり」とでも言うしかない。説明しているようで説明していないキャッチコピーだ。

要は、人が何かをやるなら、それぞれに理由も原因もあるだろうし、生まれつきの体質もあれば後で覚えたこともあり、最近の傾向もあればその日の事情もあり、その上で気まぐれで行動することだってある、ということだ。一言レッテルの方が誤りなのである。

それは動物だって同じだ。

もちろん、種ごとの傾向や制約はある。だが、それを一言でくくってしまうのは、「日本人はメガネをかけていて、スシとスキヤキを食べる」というくらい雑な理解である。

まして、他人が勝手に思い描いたレッテルを貼ってしまうと、「日本人はメガネをかけていて、ジュードーの黒帯でカラテの達人でニンジャの末裔《まつえい》で、スシとスキヤキを食べる」程度まで勘違いが増大する。

動物にもこういう間違ったイメージ付けがなされるわけだが、**私が感じるモヤモヤは、単に「間違っている」ということではない。言ってみれば動物に対する敬意の問題だ。**

知った上で「こいつはひどいやつだな」と思うならまだいい。だが、知らずに決めつけてしまうほど失礼なことはない。

この本に書いたのはそういう内容だ。

本書ではまず「きれい」「かわいい」といった見た目の誤解、それから「賢い」「やさしい」といった性格の誤解、そして「亭主関白」「子煩悩」といった生き方の誤解について、生き物の実例からご紹介したいと思う。

だからって、小難しい理屈を覚えて欲しいわけではない。ただ、動物の生き様にはそれなりに理由——しばしば、「そうするしか生きる道がない」という止むに止まれぬ理由——があり、それはやはり、生物学的にしか説明ができないものであったりする。

つまりは、「こういう生き方なんですよ」とちょっと頭の片隅に止めておいてほしい、ということだ。

そして、これはしばしばあることだが、知れば知るほど、好きにはなれないとしても、「ああ、そりゃこうやって生きていくのも、こいつらの生き方だもんなあ」という理解、そして、命を繋いでいくことへの敬意といったものが生じてくる。

私が願うのは、事実に基づく、ニュートラルな動物への見方といったものだ。

その上でその動物をどう感じるか、それはあなたの自由である。

知らずに嫌うのだけはやめてあげてね。

松原 始

もくじ

実は不潔とも言えないゴキブリ／ここにも細菌、あそこにも細菌／実は清潔とも言えないチョウ／カラスは毎日水浴びする／寄生虫たちの過酷な生存戦略／鳥インフルエンザの危険度とは？／ネコの肉球をフニフニできるか？

PART2 性格の誤解

4.「賢い」と「頭が悪い」

人間と同じことができるから賢いだって？／道具を自分で作れるカレドニアガラス／「誰がアホやねん！」byハト、

PART1　見た目の誤解

見た目は確かに重要だ。それは認める。
でなければ映画やドラマにこれほど美男美女があふれているはずがない。
ただ、生物の「カタチ」には意味がある。
その形にどんなイメージを喚起されるかは人間の問題であって、
生物の責任ではない。
生活に合わせて形を進化させてきた生物に対して、
中身を知らずに外見をあげつらうのはあまりに失礼だろう。

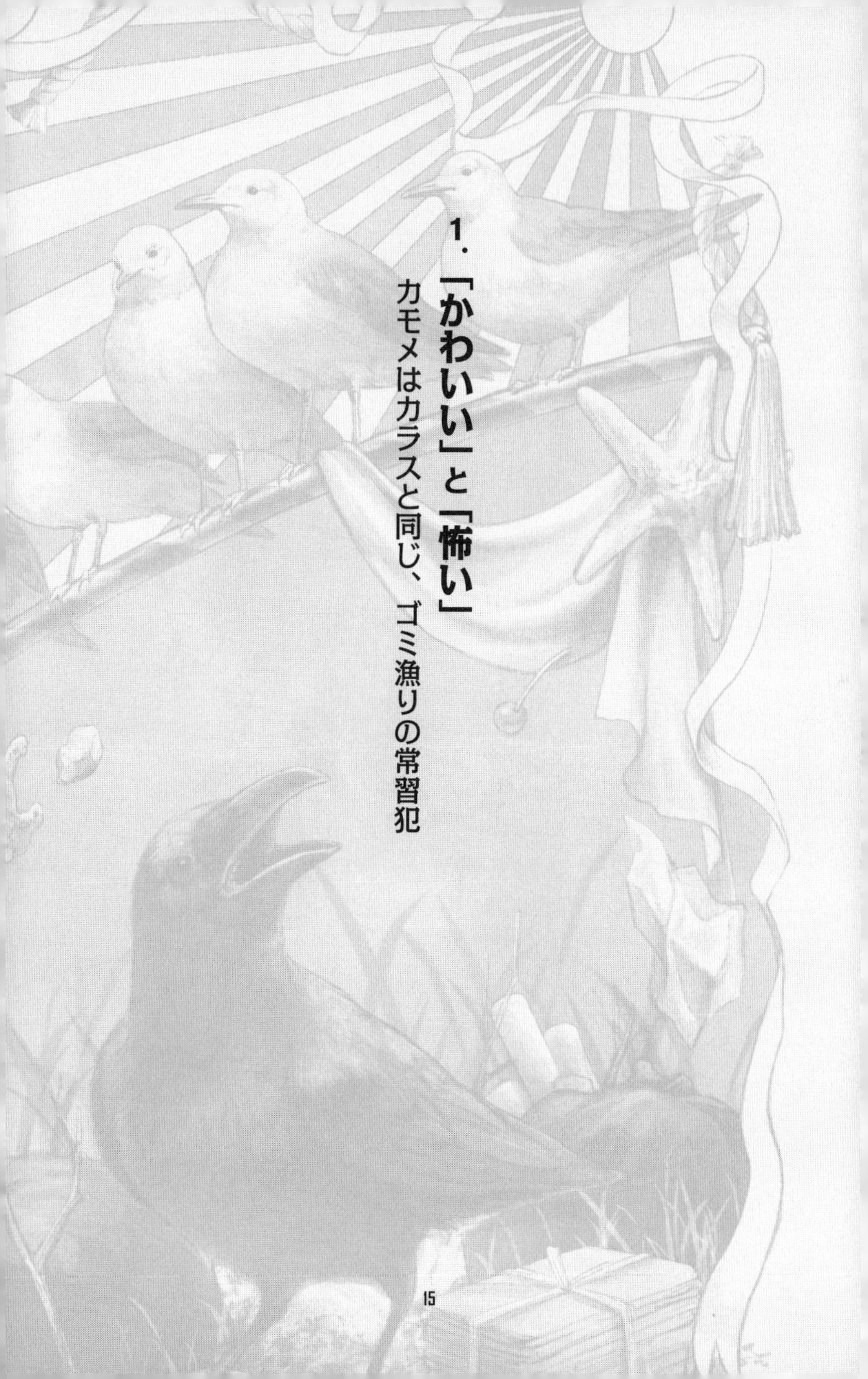

1.「かわいい」と「怖い」

カモメはカラスと同じ、ゴミ漁りの常習犯

生き残るには……目指せ、愛され系!!

スナメリという動物がいる。小型のクジラで、せいぜい2メートルくらいにしかならない。ハクジラ類（つまりイルカの親戚）だが、鼻先は丸く、シロイルカのような姿だ。日本でも瀬戸内海や伊勢湾など、内湾や近海に分布している。それが減少している、と聞いたら、ちょっと胸が痛まないだろうか。

では、オーストラリアのクイーンズランド州にいた、全長5センチほどの、鮫肌でざらっとした感じのカエルが絶滅したと聞いたら？　スナメリほど気になるだろうか？

これについて、2012年にこのような論文が発表された。

「保全の対象となっている動物は多くが大型でかわいい、あるいは目立つ動物である。目立たない動物は少なく、植物に至っては滅多に取り上げられない」（Earnest Small, 2012, The new Noah's Ark: beautiful and useful species only. Part 2. The chosen species. Biodiversity:12-1）

これは人間の感性のゆがみをつく、なかなか重要な指摘だ。

科学的に言えば、動物の見た目と保全の重要性には何の関係もない。この地球上から、ある生物種が失われることは全て損失であると考えれば、どんな生物であれ等しく保全の対象となって然るべきである。だが、実際はそうなっていないということだ。

なんだか「カワイイ子は得をする」みたいな話であるが、**確かに、人間はどうやったって、見た目のいい生き物を贔屓《ひいき》する。**まして「見てもわからない」レベルの小さな動物は、路傍の小石のように黙殺される。

さて、最近、かわいい鳥として不動の地位に祭り上げられたのが、シマエナガである。種としては本州以南のエナガと同じだが、北海道産の亜種をシマエナガとしている。特徴は真っ白な頭だ。亜種エナガには眉

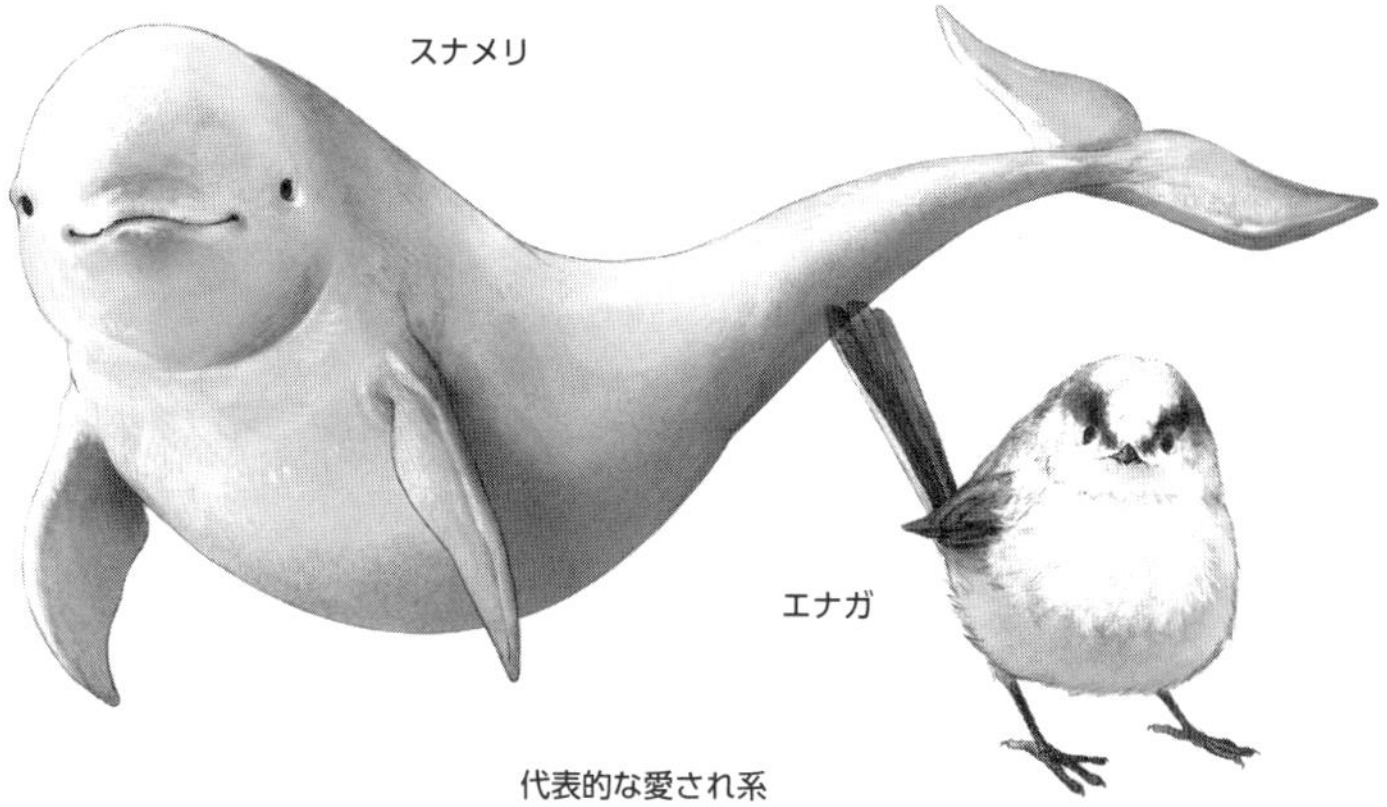

代表的な愛され系

毛のような黒いラインがある。

もっとも、シマエナガが本当に北海道だけのものかどうかはちょっと微妙である。青森県でもシマエナガ「タイプ」の個体は見つかることがあり、その分布は人間の決めた県境とは一致しないかもしれない。いやまあ、北海道と青森県の間には海峡があるので、実際に個体群の移動の障壁になっているはずだが。さらに、なぜか千葉県にも、シマエナガみたいな真っ白い顔のエナガがいる。

この辺り、地理的な条件と実際の遺伝的な隔離が必ずしも一致していない可能性もあるし、局所的にちょっと変わった形質が固定されている可能性もあって、少々ややっかいである。

あと、個人的な好みを言うと、エナガは目の上に「眉毛」がある方が好きだ。シマエナガの正面顔が反則レベルでかわいいことには同意するが、**普通のエナガだって太眉でかわいい**ということは、ここで力説しておきたい。

それはともかく、**エナガのかわいさは、その圧倒的小ささにある**。全長（嘴《くちばし》から尾の先まで）は14センチとスズメ程度だが、エナガの体の半分以上は尾なのだ。尻尾を除いた体の大きさときたら、手の中に握り込める程度でしかない。体重は10グラムを切る。これが羽をふくらませてまん丸になっている姿ときたら……。知らない人に説明する時は「お団子に串を刺したような」と言うことにしている。

あと、エナガは多産だ。10羽くらい雛《ひな》を連れていることもある。この巣立ち雛たちが枝にずらりと並んで押しくらまんじゅうしている姿は、もう身もだえするほどかわいい。「目白押し」という言葉はメジロが並んで押し合っている姿が語源だが、**「エナガ押し」**も即死するくらいかわいいことを保証する。

ペンギンの目って怖くない?

ところで。鳥の「かわいさ」を決めるのはなんだろうか?

丸い顔? つぶらな瞳?

そういう意味では、あまり近くで見ない方がいいのがペンギンの類だ。彼らがヨチヨチと立って歩く姿は、確かにかわいらしい。フリッパー(ペンギンの前肢は泳ぐためなので翼ではなくフリッパーと呼ぶ)をフルフルさせている姿もかわいらしい。続けて首をプルプルするのもかわいらしい。チョコンと首をかしげるのもかわいらしい。そして……**目つき悪っ!**

ペンギンの目はアーモンド型である。虹彩は白かったり赤かったり。そして、その中心に、睨《にら》みつけるような小さな黒い瞳。**漫画のキャラだったら絶対に極悪人である。**あんな目で悪くない奴といったら、R・田中一郎とサンジくらいしか思いつかない。リヴァイ兵士長は微妙な線だ（気になる方は、各自お調べください）。

ついでにいえば、彼らの体はガッチリ固太りで決してモフモフ・フワフワしたものではない。あと、フリッパーで殴られたらアザができる。エンペラーペンギンに殴られたら、下手すると骨折だ。

はっきり言えば、**鳥の「カワイイ」は遠目に見ているからそう見えているだけ、という部分がかなりある。**メジロだってそうだ。あれは目を取り囲む白いリング（アイリング）に騙されて、「お目めぱっちり」に見えているだけである。目だけよく見れば、暗褐色の虹彩の真ん中から、針で突いたような黒い瞳孔がこっちを見据えているのに気づくだろう。

この、鳥の目の特徴は絵画ではさらに強調される。日本画は鳥をかなり定型的に描き、必ず虹彩と瞳にコントラストをつけてしまうのだが、鳥の目の「不気味さ」の表現としては非常に正しい。

余談になるが、メジロのアイリングは丸ではない。よく見ると嘴の方向に1カ所切れ目があ

ペンギンのアーモンドアイ

メジロのアイリング

り、視力検査表のCの字みたいな形をしている。とはいえ、普通にメジロを見る距離であれがわかったら視力は2・0どころではないので、気づいていなくても恥じることはない。仮に双眼鏡を使ったとしても、メジロはすばしこく動き回るので、はっきり確認するのは楽ではない。

目だけはかわいいサイチョウ

一方、見た目は怖いのに、目だけはかわいい鳥もいる。代表格はサイチョウだろう。サイチョウは妙な鳥である。なによりも目を引くのは、その奇怪な嘴だ。頭の高さいっぱいの馬鹿でかい嘴が、ツルハシのように長く伸びている。それだけではまだ足りないのか、頭から嘴にかけて、チョンマゲのような飾りまで乗っかっている。**目つきは鋭く、大きな嘴のシルエットも含めて恐竜的だ。**

そのどこがカワイイかというと、いかつい顔の真ん中、目の上に生えた、長いまつげである。まつエクか？と思うくらいバッチリと並んだ、しかもクルックルに外カールしたまつげ。はっきり言おう。あれは、厚化粧した恐竜である。

とはいえ、サイチョウ類は非常に興味深い生活史を持ち、かつ、深刻な生息環境の破壊にひんしている鳥だ。第一に、その巨大な嘴の意味がわからない。

食べているのは果実や小動物（昆虫とかトカゲとか）で、決して大きなものを食べているわけではない。小さな果実を投げてやると見事に「パクッ」と受け止める。無駄に器用なのはわかるが、そんなでかい嘴でやらなくても、と思ってしまう。種ごとに嘴の色や飾りの形が違うので、どうやら種を見分ける識別ポイントとして発達しているようだ。

この鳥、ちょっと変わった繁殖をする。営巣するのは大きな木のウロだが、メスが卵を抱き始めると、巣の入り口を土で塗り込めてしまう。

そして、真ん中に開いた小さな穴から餌を受け渡すのである。日本神話に登場する素戔嗚尊《すさのおのみこと》は「八雲立つ　出雲八重垣　妻籠みに　八重垣作る　その八重垣を」と詠んだというが、まさに「妻籠み」だ。

そして、この大きな鳥をまかない、かつ営巣できるほど大径の老木のある森は、どんどん切り開かれてアブラヤシ農場になったりしている。キモカワイイ系の厚化粧した恐竜が暮

サイチョウ
まつげは天然のカールです

らせる環境は、急速に失われているのだ。

アライグマの攻撃性

暴走する「カワイイ」は鳥だけにとどまらない。見た目と中身が全然一致しない代表的な例はアライグマだろう。

アライグマは本来、北米原産の哺乳類である。当然、日本には分布しない。ところが、ペットとして持ち込まれたものが野生化して繁殖しており、日本各地に野生のアライグマがすみ着いてしまっている。

かつて、『あらいぐまラスカル』というアニメがあった。アメリカを舞台に、ラスカルと名付けられたアライグマと少年の交流を描いた物語である。最終回、少年は大きくなったラスカルを野生に返すことを選び、カヌーに乗って森の奥へと川をたどり、ラスカルと別れる。この時の、少年を追いかけようとするラスカルと、森に返そうとする少年の涙の別れのシーンは確かに感動的である。

おそらくその影響もあってだろうが、日本にもペットとしてアライグマが輸入され、飼育されるようになった。だが、人々は重要な点を見落としていた。**物語の中でさえ、アライグマを**

飼いきれなくなって最後は逃がしてしまっているのである。ちなみにラスカルという名前自体が、英語で「いたずらっ子」「悪ガキ」くらいの意味だ。

アライグマは手先の器用な動物だ。**しかも、カワイイ見かけに反して攻撃的である。**魚やカエルやザリガニをバリバリ食べる捕食者でもあるので、ああ見えて歯も鋭い。子どものうちはまだしも、成長したアライグマは決して飼育しやすい動物ではない。アニメみたいに懐いてくれるとも限らない（というか、成長するとほぼ人に慣れない）。かくして、飼いきれなくなったアライグマが野に放されてしまった。

アニメの舞台は北米だからまだいい。もともと、そこで拾ってきた野生のアライグマを育てていたのだから。だが、日本でアライグマを放すということは、そこにいなかった野生動物を日本の生態系の中に野放しにした、ということである。つまりは外来種の導入ということだ。**決して「自然にお帰り」なんて美談ではない。**

今のところ、アライグマによって日本の動物が危機にひんしている、といった例は（幸いにして）まだ見つかっていない。だが、外来種による生態系のかく乱は世界的に大問題だ。

アメリカやオーストラリアではコイが侵略的外来種のワースト10に入っているし、日本のマメコガネという昆虫も北米で猛威を振るっている。これは葉っぱを食べる小さなコガネムシだが、出荷された球根に幼虫がついて北米に広まってしまったのである。ありがたくないことだが、英名はジャパニーズ・ビートルだ。

アライグマは水にも入れるし木にも登れる。魚、カエル、甲殻類、鳥、昆虫、なんでも食べる。人間の近くにいることも、それほどいとわないようだ。となると、かなりやっかいな捕食者になり得るのである。

これはもう、**「カワイイ」が招いた黒歴史と言うしかない。**

とはいえ、やはり器用な前足を持った動物は得というか、しぐさが愛らしくなるのは事実だ。

大学院の後輩が研究のためにアライグマを使う必要があり（彼はイモリの研究をしていたのだが、イモリの捕食者に対する行動や、捕食者側の反応を見るために必要だった）、捕獲されたアライグマを借り出してきたことがあった。で、私はこれを実験小屋まで運ぶのを手伝った。

それが、私がアライグマを間近に見た初めての経験だった。

彼には「うっかりケージに接触してると噛《か》まれますよ」と注意されていたので、体から離して持つようにしていた。そうやって運んでいたら、何かにズボンが引っかかった。足を止めて見下ろすと、ケージの中でアライグマ（子どもというほどではないがまだ若いオスだった）が立ち上がり、こっちを見上げながら、手を伸ばして私のズボンをつまんで引っ張っているのだった。

「ねえねえ」と言いたそうな様子に、「こいつは日本にいるはずのない外来種で、在来種に悪影響を与える可能性が高くて、有害鳥獣で、駆除対象で、狂犬病を媒介する動物でもある」という事実を瞬時に忘れそうになった。

それを考えれば、「カワイイ」という魅力、いや魔力に負ける人がいたとしても、一概に責めることはできないであろう。だがそこで負けてしまうと誰も幸せにならない。悪魔よ退け。でもつぶらな瞳が……。

凶暴だって？　じっくり聞かせてもらおう

一方、かわいくない奴ら、特に**「危険」「凶暴」**と認定されている生物はどうだろう。本当に怖いのだろうか？　いやまあ、こういう持っていき方をする時点で、だいたいバレていると は思うが。

カラスももちろん、この枠に入る。いまだに聞かれるのが、**「カラスと目を合わせると襲われるんですよね」**という質問だ。いや、そんなことないですから！

目を合わせると襲われる、というのは、ニホンザル相手なら必ずしも間違いではない。彼らの間では、**視線を外さずに目を睨みつけるのは喧嘩《けんか》のサインである。**

完全に野生のサルにはそう近づけないが、もし近づけたとしても、いい年をした大人のサルは用心深く、そう軽々しく挑発に乗らない。だが若い奴、というか子ザルは要注意だ。人間にも向かってくることがある（噛みつかれるかどうかはまた別だが、サルに威嚇されるだけでもかなり怖い）。もちろん、大人であっても、子どもやメスが危険にさらされたと判断すれば、人間を威嚇する。

餌付けされたりして（悪い意味で）人間に慣れているサルは時に危険だ。なので、うっかりサルを挑発してしまわないよう、視線をそらすのは無意味なことではない。一方であからさまに目をそらすのは「すいません、あなた様に喧嘩を売る気はございません」という宣言になるので、相手を付け上がらせる。サル相手に緊張が高まった場合、**チラチラと相手を見てけん制しつつも、睨みつけて喧嘩にならないように、という慎重なさじ加減が必要だ。**

ちなみに、勝てる自信があるなら、サル相手でも目を睨みつけるのは一つの方法だ。ただし、少なくとも私個人は、5歳未満の子ザル相手でなければ勝てる気がしない。5歳未満であってもよほどのことがなければやりたくない。

よほどのこと、というのは、例えば学生が威嚇された時などだ。ある時、学生が観察中のサルに近づいたところ、思いもよらない場所に子ザルがいて、学生に突っかかって来たことがあった。

彼は私に言われた通り、背中を向けないように、後ろ向きにすごい速度で逃げてきた。だがサルは一定の距離を保ったまま、彼を追ってくる。私は学生が威嚇された瞬間に駆け出していたのだが、下がってきた彼の前に回り込み、サルと対峙《たいじ》した。で、思いっきり睨みつけながらこちらも唇をまくりあげ、犬歯をむいて「ガガガガッ」とサルの威嚇音をまねて怒鳴りつけた。どうやらこの威嚇は効いた……いや効きすぎたらしく、サルはヒイヒイと鳴き声を上げると駆け戻り、ガードレールにしがみついてしまった。

そこまで脅すつもりはなかったのだが。

だが、カラス相手なら、そんなことをしなくても大丈夫である。人間はカラスよりも圧倒的に大きいからだ。カラスと目を合わせると向こうは間違いなく、ソワソワと向きを変えるか、さっと飛び立ってしまう。双眼鏡やカメラといった、大目玉のようなレンズを向けるとなおさらだ。

もちろん、これには例外もあって、カラスがカンカンに怒って一触即発という時に目を合わせると、最後の攻撃の引き金になることは、ないとは言わない。だがこれは「目を合わせると襲われる」というより、「そこまでカラスを怒らせるとさすがに蹴られるよ」と言った方がいい。

そう、カラスの攻撃は足で蹴るだけで、ちまたで信じられているような、飛びながら速度を乗せて嘴をぶっ刺しに来るようなものではない。第一、カラスが飛ぶ速度で頭から激突したらカラスの方が危険だ。窓ガラスに激突した小鳥は嘴が折れていたり、頭骨が破損していたり、頚椎《けいつい》や脊椎がバキバキに折れていたりする。

また、標本を見るとよくわかるが、カラス（特にハシブトガラス）の嘴は湾曲しており、まっすぐ前向きに叩きつけても滑るだけで刺さらない。突き刺そうとすると、首を振って円を描くように叩きつける必要がある。空中でそんな器用なまねをするのは簡単ではないし、足場も定まらない状態では大した威力もない。

要するに、カラスが飛びながら人間に嘴を突き刺すのはほとんど無理なのである。

ただし捕まえると噛みつかれる。鳥の攻撃の基本は噛むことで、カラスの咬筋《こうきん》はなかなか強力なのだ。「カプッ」と噛まれると、気づかないうちに皮膚が切れて出血していたりする。

スズメバチとの遭遇

危険生物として筆頭に上がることもあるハチはどうだろうか？

スズメバチは見ているだけならカッコいい動物である。目つきは怖いが、たっぷりと筋肉を内包していそうな砲弾型のボディは「マシン」としてよくできている。

ただし、山で出合いたくない生き物の一つであるのも事実だ。鳥を観察しているとスズメバチが「ブウン！」と翅《はね》をうならせながらやって来て、顔の前でピタリと空中停止することがある。**彼らは普段飛んでいるコースに見慣れないものがあると確認しようとするからだ。**ここでうっかり払いのけたりすると、さらに**「要注意対象」**と見なされて、つきまとわれる場合がある。

注意を引いてしまっても、しつこく観察するだけで数分後には飛び去るのが普通だが、観察されている間は生きた心地がしない。というわけで、スズメバチが近づいてきたら、とにかく地面にしゃがみこむしかない。彼らはある程度高いところをチェックしているらしく、低いところは見ていないからだ。

最悪のケースだが、巣が近ければ集団で攻撃を受けることもある。スズメバチが大顎をカチカチ言わせ、グイと曲げた腹から毒針を突き出して、あまつさえ毒液が「待ちきれない」というように針先から滴っていたりすると、これはもう恐怖である。こういう時は本当に危険なので、イチかバチか逃げ出すしかない。相手が1匹なら、張り飛ばしてから逃げるという手も、なくはない。

昔、山の中で調査していたら、ほんの30センチほどの幅の岩棚を足場にして10メートルばかり進まざるを得ない場所があった。そこで、岩に抱きつくように、すり足でカニ歩きしていたのだが、こういう時に限ってスズメバチがやって来た。

場所が場所だけに、しゃがむこともできない。スズメバチは私の周りを執拗《しつよう》に回り続ける。真夏の昼下がりのことで、暑いのと怖いのとで汗をだらだら流しながら耐えていたら、スズメバチは私の目の真ん前に空中停止したまま、顎をガチガチ言わせ始めた。

これはまずい。非常にまずい。刺されたら相当痛いわけで、「痛っ！」と思ったはずみに岩棚から落ちたりすると、これまた危ない。といって、走って逃げられる場所でもない。

非常に申し訳なかったが、私はそーっと右手を持ち上げ、スズメバチがいい位置に来るのを待って、力いっぱいバックハンドで張り飛ばしてから、大急ぎで岩棚を渡りきった。

とはいえ、ここまで危険を感じる目にあったのは、人生でも数えるほどだ。野外調査でしょっちゅう山に行っているから、普通の人よりもスズメバチの生活圏に近づくようなことをしているはずだが、それでも、そんな程度なのである。

「どう猛」という言葉の罪

そもそも、動物に「凶暴」とか「どう猛」といった形容をするのは、どうもあまり正しいことのようには思えない。そういう称号を冠せられている動物は、**多くの場合、捕食の仕方が激しいだけだからだ。**

さっきのスズメバチにしても、身をていして巣を守ろうとしているだけで、まあ確かに人間にとってかなり怖い（最悪の場合、死亡することもある）相手ではあるのだが、決して面白半分に襲いかかってくるようなことはしない。パトロールのルートに立っているだけでジロジロと見にくるのは確かに怖いが、まあ、それも巣の周囲の安全を確保するためと思えば、わからないではない。

それどころか、**全くの濡れ衣で怖がられているのがクマバチだ**。確かに大きなハチだが、あれはスズメバチとは全く違う。スズメバチのことをクマバチ、あるいはクマンバチと呼ぶこともあるので、余計にごっちゃにされているらしい。

クマバチはミツバチの仲間で、大きくて黒くて（一般的なキムネクマバチだと胸は黄色い）丸々して、クマっぽい。だが、彼らは非常におとなしいハチである。

フジの咲く季節になると「ブウン……」と羽音を立てて花の周りを飛んでいるが、わざわざいじめない限り何もしない。むしろ、石ころなどを空中に投げ上げるとサッと反応して寄ってくるので、遊び相手になるくらいだ。オスは常にメスを待っており、空中を飛ぶものを見つけると必ず確認に行くからである。

時には石に抱きついて一緒に落ちそうになる奴までいる。案外そそっかしい。

スズメバチやアシナガバチの仲間（英語でいうワスプ）は肉食性で他の昆虫を食べることが

あるが、クマバチはミツバチやマルハナバチと同じ仲間で、花の蜜や花粉を食べている。**スズメバチを悪く言うつもりはないが、クマバチはワスプ系の「戦闘マシン」的な怖い顔とは全然違う、毛がモフモフ生えた、かわいらしい顔である。**

ちなみにクマバチの巣は、枯れ木や木材に長く開けた穴の中だ。巣穴は竹の節のように仕切られていて、一部屋ごとに花粉団子と卵がいる。ミツバチやスズメバチのように大量の働きバチがいるわけではないので（先に孵化した子どもたちが入り口を防衛するので、完全な単独生活でもないが）、集団で襲われる心配もない。

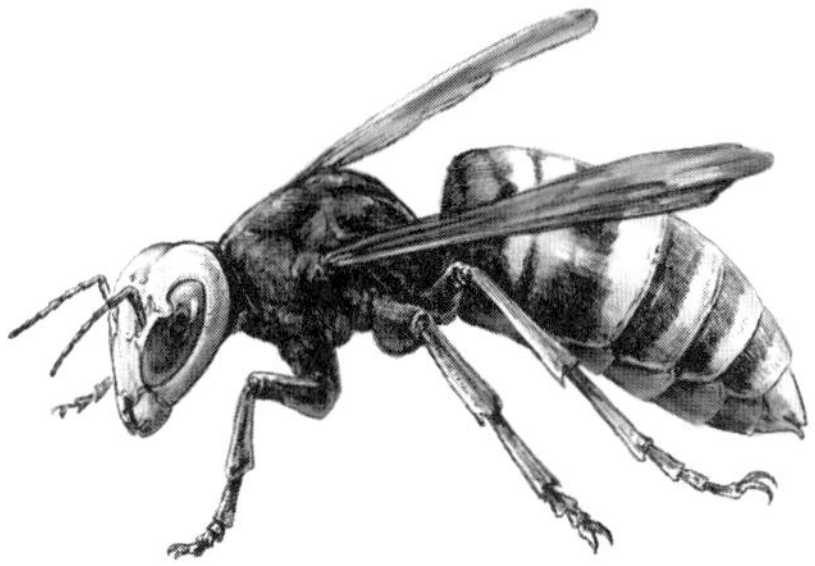

ワスプ系のスズメバチ
ハリウッド映画『アントマン＆ワスプ』
でもおなじみ

モフモフ系のクマバチ
こう見えてミツバチの仲間

もちろん、見た目に怖い行動をする動物はいる。サメが大口を開け、顎をせり出させて（多くのサメは顎を前に突き出すように動かすことができる）獲物に噛みつき、肉をかじりとっているシーンは確かに衝撃的だ。水辺にやって来たヌーにナイルワニが飛びかかって引きずり込み、水中で体をグルグルと回転させてトドメを刺している姿も、「もし獲物が自分だったら」と想像すれば戦慄《せんりつ》する光景である。

だが、彼らは無駄に暴力的なわけではない。**獲物が大きいので、ああやって食べないと食べにくい、あるいは自分が反撃されて危険なだけである。**それにしても食らい方がえげつないと言うなら、人間がスペアリブを手に持って食いちぎっているのも、串刺しにしたアユをまるごとかじっているのも、決して大人しい食べ方ではない。

この辺はスケール感の問題もある。大きな動物や、人間に近い動物が惨殺されていると、やはり落ち着いてはいられないものだ。それは、人間が共感する能力を持っている以上、仕方のないことである。「いやそれは自然の摂理だから」と一切心を動かされない方がむしろ難しい。慣れることや抑えることはできるが、たとえ理屈はわかっていても、何も感じないのは難しいものである。

だが、それを「どう猛」「凶暴」といった、相手の性格まで含めたレッテル貼りにしてしまうのは、ちょっと別のことだ。

サメと酔っぱらい、怖いのはどっち？

夏になると、海水浴場でサメが見つかったので遊泳禁止、といったニュースが流れることがある。確かに大型のサメは人を襲うことがあるが、大半のサメは積極的に人間を襲って来るわけではない。第一、ドチザメのような、おおよそ人を襲うことのない小型のサメが出た場合でも、「念のために」遊泳禁止措置がとられたりする。

この辺は、やはり「あの映画」の影響かと思われる。恐竜なら『ジュラシック・パーク』、サメなら『ジョーズ』だ（最近はアメリカのテレビ映画『シャークネード』の方がカルト的な人気かもしれないが）。**第一、サメは思われているほど、大きな獲物を襲うのが上手ではない。**なかにはダルマザメという、体長はせいぜい50センチなのに、自分より大きな魚やクジラから一口分の肉をすくい取るのが得意という妙なサメもいるが、多くのサメはあまりにも大きな獲物は狙いたがらない。

もっともサメは血の匂いを感知すると興奮して見境なく噛みつくことがあるが、少なくとも**映画で見るほど「人と見れば襲って来る」なんてものではない。**

高名なサメの研究者であるユージニ・クラーク氏は、海中でサメを怖いと思ったことはない、とまで言っている。彼女によると、巡航モードで泳いでいるサメは胸ビレを水平に広げているが、攻撃モードになると垂直に垂らすのだそうである。胸ビレが下がってきたら注意して離れるようにしていた、とのこと。

人間が襲われる例として案外多いのが、サーフボードに腹ばいになってパドリングしている時だそうである。サメが水面下から見上げると、アザラシやペンギン、あるいはウミガメが泳いでいるように見えるのだと言われている。そして、大型のホオジロザメはしばしば、そういった餌を食べている。

第一、人間が海中にいることは滅多にないので、サメの方も人間を常食するほど出合うのは難しい。「人食いトラ」などは人間を餌扱いする例があるようだが、人間をわざわざ狙って捕食しようとするサメは、おそらくいない。

サメによる咬傷《こうしょう》事件は世界で年間100件ほど。数からいえば、ハチに刺されて死傷する事件の方がよほど多い。しかもこの咬傷には、浅瀬で砂に潜っていたサメを踏んだので反射的に噛まれた、なども含む（オオセなど、砂に潜って餌を待っているサメもいるのだ）。

いやまあ、人間は海に入っている時間が圧倒的に短いことを考えれば、その少ない機会にサメに襲われる頻度はどうなんだ、と考える必要はあるだろうが、**ある人の一生涯でサメに襲わ**

れる危険より、酔っ払いに絡まれる危険の方がよほど多いだろう。

先日知ったとある研究によると、インドにおいては、サメより自撮りしようとしての事故の方がよっぽど危ない、とのことであった。「サメが怖いとか言う前に自撮りの危険を認識しろよ」という意味では、まったく正しい。そういう意味では、**サメは人間よりもはるかに安全である。**

一方、海の動物でオトモダチ扱いされることが多いイルカは、本当に賢くてかわいい、人類の友人なのだろうか？

彼らは野生状態でも船と並走して波乗りしたり、お茶目で利口そうな行動を見せる。また、溺れかけた人間を助けてくれた、といったエピソードも伝えられている。集団性で仲間を助けることもあるので、人間も「つい助けちゃった」ということは、ありえなくはない。

だが、その一方でかなりヤバめなのもイルカの本性だ。ハンドウイルカのオスは集団でメスに交尾を迫る。この時にぶつかる、噛みつくなどの行動をともなうので、メスに怪我をさせることもある。場合によっては、上からのしかかるなどのハラスメントがひどすぎて、メスが溺れてしまうことさえある。

オスが交尾を迫るとメスが逃げる、という例は動物にはごく一般的にあるし、時にはずいぶんと激しいやりとりになることもあるのだが、それにしてもオスが集団で迫って、メスを取り囲んで小突き回すなどというオラオラ系はあまり聞かない（魚類や両生類でメスの方がはるかに大きい場合、産卵時に複数のオスが群がる例はある)。

一般論として、メスはオスにとって自分の子孫を残してくれる大事な存在なので、交尾はもちろんしたいが、肝心の相手を死なせては意味がない。だから、**相手が死ぬほど激しいなんて例は、めったにあることではないのだ。**そういう意味では、イルカは必ずしも、人間が勝手に思い描くような「心優しい動物」なんかではない。というか、人間基準の「優しい」「優しくない」を動物に適応するのが間違いだ。

カモメの水兵さんはゴミ漁りの常習犯

実際、カラスについても多分に印象の問題はあるのだ。

東京都がカラスを問題にし始めたのは1990年代末からだ。この頃から2000年代初頭までの数年、せいぜい10年が、カラスが最も「ホットな話題」だった時代である。これは野鳥研究家の松田道生が著作の中でデータと共に述べており、マスコミに取り上げられた頻度が如実に変化していることがわかる。2005年あたりからカラスの話題は激減するのだ。

一方、カラスに関する苦情件数も、報道の件数とほぼ同じカーブを描いている。**面白いことに、苦情の増減はカラスの数よりも報道の件数と一致するように見える。**

これこそが、印象の問題というやつである。当時のマスコミがカラスを取り上げる際は、「凶暴化したカラスが人を襲う！」といった派手な見出しをつけていることが多かった。

　鳥の関係者でさえ「都会で肉の味を覚えて猛禽《きん》化した」などと言っていた人もいたくらいだから仕方ないといえば仕方ないが（昔から動物の死骸を食べて肉の味は知っているし、都会であろうがなかろうがカラスは小動物を捕食することもある）、こういった時代に「カラスは怖い」「カラスは人を襲う」というイメージが焼き付けられたのだろう。それまでは「ゴミを荒らす」「農作物を荒らす」という印象はあっても、人間に何かする鳥とは考えられていなかった。

　ところが、カラスの報道はやがて旬を過ぎた。カラスが減った以上に苦情件数が急減しているのは、おそらく、人々の脳裏から「カラスは被害がある！」という意識が薄れたからである。確かにカラスによるゴミ荒らしや糞、人間への威嚇、時には攻撃といった被害はあるので、これを風評被害と呼ぶことはできない。だが、**カラスの「怖さ」はかなり誇張されたものだったように思うのだ。**

　そして、そこには「真っ黒でなに考えてるかわからなくて、嘴がデカくてギラギラして怖そう」という、カラスのビジュアル的な問題も大きく関わっていたと思う。なぜなら、**ほぼ同じことをやっていてもカモメに対して人々は優しいからである。**

　もちろん、日本の多くの都市では街中にカモメがおらず、被害も起こりようがない、というのは事実だ。だが、公園でカラスが寄ってきたら嫌がる人も、水辺のユリカモメはかわいがる。あの数のカラスが群れていたら、大概の人は避けて通るだろう。ユリカモメにパンを投げてやるおじさんは、カラスがおこぼれを拾いに来ると追い払う。**なぜだ！**

ユリカモメに限らず、**カモメ類はゴミ漁りの常習犯である。**東京湾の夢の島にゴミを埋め立てていた頃、島は「だいたい白、ところどころ黒」だったそうである。

白いのはカモメが群がっているからで、黒いのはカラスだ。鳴き声もギャアギャアとうるさい。営巣地に近づくと集団で威嚇され、糞を落とされ（しかも魚食性のカモメ類の糞はカラスより臭い）、蹴り飛ばされる。そして、カモメは他の鳥の卵や雛を襲うことも多い。ウミスズメのような小型の海鳥の最大の敵は、カラスとカモメなのだ。

つまり、やっていることはカラスとほぼ変わらないのに、白いだけで「カモメの水兵さん」などとのどかに歌ってもらえる。それがビジュアルの効果なのである。

人間はどうしても、見た目でカワイイか、カワイくないかを判断する。それは仕方ない。だが、**見た目のかわいさと、生物としての生活とは全然別のことだ。**

だが、悲観的な話ばかりではない。大学で教えているクラスで「カラスについてどう思いますか」というアンケートを取ると、思ったよりも「賢い」「かわいい」「かっこいい」が多いの

だ。まあ、多いといっても1割ほどだが。しかし、それだけの割合でも、カラスに悪印象を持っていない人がいるのは事実だ。

さらに、中学生や小学生を相手にした時は、時には半分近くが「カラスはかっこいい」「嫌いじゃない」と答えた。いや、もちろんそこには中二病的な、「人に嫌われることが多いが、実はハイスペックな黒づくめの孤高の存在」という印象が逆に投影されていたりするかもしれないが、報道の過熱も収まり、ゴミ出し時のカラス対策も広まってきた今、カラスの印象は一時期より改善しているのかもしれない。

よし、今がチャンスだ。あとは、大人や社会に変な常識を刷り込まれて、カラス好きが減らないことを祈るばかり。**君たち、パッと見の「カワイイ」に騙されるような大人には、なってはいけないよ。**

2.「美しい」と「醜い」

ハゲタカはハゲだから清潔に生きられるのだ

美しさは、武器

美しいかどうかなんてのは、極めて主観的、かつ偏りの大きなものである。

女性を品定めしていると思われたくはないが、「美人」の基準だって戦後75年でずいぶん変わった。1000年くらい遡って平安時代だと、とにかく「色白でふっくら」が美人の基準である。あの時代は野外で労働して栄養状態もよくないのが普通だったから、色白＝労働階級じゃない、ふっくら＝ちゃんと食べている、だったわけだ。ウズベキスタンでは左右がつながった太眉が美人だし、ケニアだと太っているのがセックスアピールになる。

というわけで、**美しいかそうでないかというのは極めて個人的ないし一時代の一文化に根ざしたものにすぎず、かつ偏見に満ちたものである**、とも言えるのだが、一方で時代や文化を超えた芸術なんてものもあるわけで、どうにもやっかいである。博物館のスタッフである私としては、黄金律だったり左右対称だったり均等だったり、誰にでも腑《ふ》に落ちる「普遍的な美しさ」というものも、認めざるを得ない部分はある。

本屋に行くと『世界一美しい◯◯』なんて本が並んでいるが、万人が認める美しい動物も確かにいる。ちなみに世界一美しいといわれる鳥はいくつかあり、その一つがケツァール、もう一つがライラックニシブッポウソウだ。

ケツァールは中米に分布する。グアテマラの国鳥でもあり、エメラルドグリーンに輝く背中と真紅の腹、そして長い尾（正確には上尾筒《じょうびとう》といって、尾の付け根の背中側の羽）を持っている。アステカ文明では「空気の精の鳥」とされ、金属光沢のある羽毛は王族だけが身につけることができた。

ライラックニシブッポウソウはアフリカとアラビア半島の一部に分布する。色味の違う青や水色の配色で、ところどころに「ライラック」の由来となった紫色も入る。確かに非常に美しい鳥だ。どちらもインターネットで検索すればすぐ出てくるので、一度ご覧あれ。

それ以外にも、美しい鳥の代表格といえばハチドリ、カワセミ、フウチョウなんかがある。**フウチョウは美しいことも美しいが、場合によっては「ヘンな奴」枠にも入るかもしれない。**というのも、彼らはメスを誘うために奇妙奇天烈な行動も行うからだ。もう少し身近なところではキジも美しい部類とされるだろう。

ハチドリ、カワセミ、フウチョウ、キジには共通点がある。**それは、きらきらと輝く、そし**

て見る角度によって色を変える羽毛だ。

カワセミはまだそれほどでもないが、ハチドリやキジはかなり色が変わって見える。キジは緑－青－紫と角度によって色が変わることがあるし、ハチドリの金属光沢もしばしば、緑から紫まで変化する。これは「構造色」に特有な現象だ。**彼らの羽毛は色素だけでなく、微細構造そのものによって色を作り出している。**

鳥の美は色素と構造色の合わせ技

羽毛に電子顕微鏡レベルの層構造や凹凸があると、これによって光が散乱され、さらに散乱した光が干渉しあって、色を作り出す。このような発色を**「構造色」**という。角度によって見え方が違うのは、波長ごとに反射の方向性があるからだ。方向を変えると反射してくる光の波長が変わり、当然、色も違って見える（色というのは要するに光の波長の違いだからだ）。

実のところ、構造色を利用している鳥は非常にたくさんいる。くっきりと青い羽毛の色は、ほぼ例外なく構造色を応用しているからだ。鳥の羽毛は基本的に青い色素を持っていない（卵の青色は色素によるもの）。ただ、構造色だけでは濃い青にならないらしく、メラニン系色素と組み合わせているのが普通だ。さらに黄色の色素をくわえると緑色になる。

鳥の色彩は、色素だけの場合と、構造色を足して色を作っている場合があるわけだ。

黒を作る色素はメラニンだが、これが薄めに分布すると灰色になる。また、誘導体（元の物質から体内で少し改変して作られる産物のこと）のユーメラニンなどを使えば褐色もできる。

鮮やかな赤は主にカロテノイド系色素だ。カロテノイドは体内で合成できず、餌から取り入れている。ただし、取り入れたカロテノイドは赤ではなく黄色っぽい。真っ赤な鳥の場合、これを鮮やかな赤色のケトカロテノイドに変換する酵素は持っている（カロテノイド「系」の物質はいろいろあって、色も黄色から赤までいろいろあるが）。

面白いのは餌によっては原料になる物質を入手できないという点で、例えばフラミンゴの赤色はプランクトンから取り入れた色素である。そのため、**人工飼料だけで飼っていると色があせてくる**。健康には特に問題ないとしても、色が出ないのだ。

同様に、金魚やイエローカナリアも「色上げ」と称してカロテノイド系色素を強化した餌を与えることがある。普通の餌に加えて、サプリメント的に与えることで色をより鮮やかにしよう、という発想である。というか、脊椎動物は基本的にカロテノイドを作れないので、黄色や赤はほぼ、餌となる微生物や昆虫などが頼りだ。

ヘビの毒は生まれつき?

食べたものから成分を分離して精製して使う、というのは、わりとポピュラーな方法である。**色素だけでなく、毒を取り込むものも多い**。フグの毒成分であるテトロドトキシン、ヤドクガエルの毒成分であるバトラコトキシンも、脊椎動物は合成できず、餌となるプランクトンや昆虫由来である。

日本にいるヘビの一種、ヤマカガシの頸腺《けいせん》の毒もそうだ。ヤマカガシは毒牙とは別に、首筋に頸腺という特殊な毒腺を持っている。これはどこにも開口していないのだが、捕食者がヤマカガシの首筋を攻撃すると、皮膚が破れて毒が飛び出し、敵の口や目を直撃する。この毒は極めて純度の高いブフォトキシン、つまりヒキガエルの毒で、ヒキガエルを食べて毒を分離し、頸腺にため込んでいるわけである。

テトロドトキシン、バトラコトキシン、ブフォトキシンと「◯◯トキシン」が3連発だが、トキシンとは毒のことだ。フグ毒はテトロド・トキシンである。テトロ・ドトキシンではない。

ちなみにヤマカガシのブフォトキシンに関する研究の端っこを、学生の時に手伝ったことがある。研究室の教官がこの研究をしていたのだが、その時先生がやっていた実験は「ヒキガエルを食べずに育ったら毒はできないことを確かめる」というものだった。

そこで先生はヤマカガシを飼育して産卵させ、この卵を人工孵化させて、「生まれてから一度もヒキガエルを食べたことのないヤマカガシ」を育てていたのだった。餌はメダカや金魚である。結論としては、ヒキガエルを食べないとヤマカガシはブフォトキシンをためることができないとわかった。で、先生が出張している間、ヘビのケージを掃除して、水を換えて、餌を与えて食わせる……という仕事を、私が何度か引き受けたのだった。

この実験では餌量を統制するので、餌の重さを計って記録しておかなくてはいけない。また、餌を食べない場合は強制的に給餌しなくてはいけない。餌付きのいいヘビならメダカを入れた途端にのぞきに来て、あっという間に食べてしまうのだが、何匹かあまり餌を採らない個体もいたのである。

ということで、水を換える時にまだメダカが泳いでいた場合、ヤマカガシの子どもを捕まえ、口を開けさせ、ピンセットでメダカを口の中に突っ込んだ後、そっと押して喉から腹まで餌を下ろしてゆく、というのが私の仕事の一部であった。ちなみにこの時、腹に向かってしごき下ろしてはいけない。**腹をまっすぐ押して、メダカが胃の方へ「つるん」と逃げるようにするのがコツである。**

まあ、ヘビに強制給餌する知識が必要になることはないと思うが。

美しい生き物たちの不思議な習性

さらに不思議な「食べて流用」を行うのがアオミノウミウシという動物だ。ウミウシのくせにヒレを広げた魚のような姿で、青い幻想的な姿をしている。見るだけなら美しいと言える動物だ。

アオミノウミウシは外洋を漂いながら暮らしている。クラゲやカツオノエボシにとりついて移動しつつ相手を食べるのだが、食べるだけでなく、とんでもないことをやっている。クラゲの持っている刺胞《しほう》（細胞内にある小器官で、クラゲ類の「毒針」である）を無傷で取り込み、そのまま体表面に配置して、自分の武器として再利用するのだ。触ると刺される。

我々が何を食べようと、その食品の原料となる分子レベルまで分解してからでないと消化管の壁を通り抜けられない。他の動物の細胞内にある構造が丸ごと体内に持ち込まれるなんてことはないはずだ。野菜を食べることで葉緑体を取り込んで光合成ができるようになった人間なんていない。

一体どういうことをやっているんだ、アオミノウミウシ。

美しい「形」というのもある。

身近なところではキジやヤマドリの長い尾があるし、コトドリやフウチョウの、やりすぎ感のある飾り羽も同列だろう。「あしびきの　山鳥の尾の　しだり尾の」は和歌の出だしだが、実際、ヤマドリのオスは自分の胴体より長い、60センチもある尾を生やしている。**あれで森林の下生えの中を歩くのだから、ちょっと何をやっているんだかわからない。**

ただし、山で出合うと、ヤマドリは意外に目立たない。それだけを取り出すと赤銅色に輝く羽毛や長い尾羽が派手派手しいのだが、枯葉に覆われ、木漏れ日の差し込む薄暗い林

オオフウチョウの飾り羽
これでもまだ控えめなほう……

床では、あの色合いは見事な迷彩になる。それでいて近寄れば羽毛の輝きや尾の長さで自分をアピールできるのだから、なかなかよくできた色彩ではある。

コトドリは世界最大のスズメ目鳥類だが、オスはまさに竪琴のような、ゴージャスに伸びた尾羽を突っ立てている。

フウチョウはもう、奇想天外すぎて説明しきれない。以前よくインドネシアの土産物にされていたオオフウチョウについて言えば、**脇羽が変化した長い飾り羽を、翼の後ろを通して頭上まで跳ね上げる、というわけのわからない姿勢が得意技である。**ジュウニセンフウチョウは針金のような12本の飾りが尾羽から伸びる。フキナガシフウチョウは頭から長い飾り羽をなびかせている。それ以外にも「○○フウチョウ」で動画を検索すればいくらでも出てくる。英語ならbird of paradiseだ。

むろん、これは伊達《だて》や酔狂でやっているわけではない（カッコつけて目立ちたい、という意味では伊達とは言えるかもしれないが）。全て、子孫を残すためである。

「美しい」の生物学的意味とは？

こういったド派手な色や形の多くは、メスの気を引くためにある。ご存知の方も多いだろうが、多くの動物で、オスはメスの気を引き、繁殖のチャンスを得るために必死になる。別にオスだけが必死になる必要はないのだが、メスは卵や子どもという大きな投資を行う予定なので、それ以上の負担はなるべくかけないようにしているのだろう。

例えば、オオルリやキビタキのようなオスが派手な鳥でも、メスは極めて地味で目立たない。もしメスまで派手になってしまった場合、抱卵や子育てがあまりにも危険だ。**オスにしてみれば卵を産んでくれるメスは大事な存在なので、危険を犯してまで目立ってくれなくていいのである。**メスの方は逆に、オスが必死にがんばってきれいな色をアピールするのを品定めし、なるべく色が良いオスを選んで繁殖する。

美しい色合いは、メスに対して自分の優秀さをアピールする武器となる。色素を作るにも栄養分とエネルギーがいるから、ちゃんと餌を食べなくてはきれいな色が出ない。色素を餌そのものから取り込むならなおさらだ。また、手入れを怠っても、きれいな羽は維持できない。

つまり、平安時代の美人と同じく、「自分はこんなに栄養状態がよくて、ちゃんと手入れも行き届いているんですよ」「だから僕を選んでも損はしませんよ」という、メスに対する宣伝である。身分の高い人間がやたらに裾の長い、あるいは汚れたら大変そうな衣類を身につけていたことがあるが、これも「自分は労働とは無縁である」というアピールの一種と考えてもいいかもしれない。

だが、ハチドリの色彩はちょっと奇妙だ。彼らは雌雄で大きく色が違うわけではない。全てのハチドリがキラキラしているわけではないのだが、派手な色合いが異性の気を引くためだとすると、両性とも同じように派手なのは妙である。

むろん、進化は「最適化」とは違うので、必ずしも理論的に最適な形になっているとは限らない。「メスまで派手になる必要はないのだが、遺伝的に完全に分離することができず、オスの色に引っ張られてメスも一緒に派手になっちゃった」ということもありえなくはない。ただ、多くの「派手な」鳥でメスは地味なことを考えると、ちょっと妙だな、と思うのである。

熱帯は色鮮やかなので派手な色がかえって保護色なんだよ！というアイディアもあるが、いや、それはちょっと。南国の軍隊が花柄のアロハシャツを迷彩服代わりにしている、という話も別に聞かないだろう。

最近発表された説によると、**タマムシの金属光沢は、ああ見えて捕食回避に役立っている、という**。角度によって色が刻々と変化するため、色彩に頼って対象を認識する動物には同じターゲットに見えない、というのだ。

タマムシを狙う色彩感覚の鋭い動物というと、トカゲと鳥くらいだろう。ハチドリを好んで狙う動物はあまりいないと思うが、ハチドリの金属光沢も、あれはあれで捕食者にとっては狙いを絞りにくい色彩である可能性がなくはない。

派手な色彩を防御に使うという方法は、クルマバッタやカワラバッタも見事に応用している。どちらもトノサマバッタに似た大型のバッタだが、逃げる時は、大ジャンプするとともに翅を広げて飛ぶ。

ところが、後翅を広げると、普段は見えない黄色と黒や、水色と黒の模様が翅いっぱいに広がる。飛行中はひどく目立つのだ。**逃げながら目立ってどうする？と思うだろうが、これは逆に、その目立つ特徴に敵の目を引きつけるためである。**

着地して翅を畳んだ途端、目印になっていた派手な模様は消え失せ、バッタは周囲とそっくりの色に戻って、どこかに潜んでしまっている。こうなると見つけるのは至難の技だ。**言ってみれば、わざと派手なアクションに人目を引きつけておき、その陰でトリックを行う手品師みたいなものである。**

カワラバッタは名前の通り、河川敷の裸地に暮らしているが、光沢のない灰褐色の色彩は砂《さ》礫《れき》と見事にマッチしており、何もない地面にただ「いる」だけでもう見えない。翅を畳んだ瞬間に消え失せるイリュージョンのような逃げっぷりは、何度見ても不思議だった。

シチメンチョウと「ランナウェイ」

美しい、というか「奇妙な」形の鳥も、枚挙にいとまがない。ラケットハチドリの尾は長くのびた羽軸の先端にだけラケットのように羽弁が残るし、ラケットヨタカにいたっては翼の先端からラケット状の風切り羽（翼の外周にある、飛ぶのに必要な硬い羽毛）を引きずっている。この奇妙な形状の羽毛は、成長過程で先端を残して羽枝《うし》（羽毛の平たい部分を作っている部品）が脱落し、羽軸《うじく》だけを残すことで実現している。どう考えても飛ぶのに邪魔だ。オオフウチョウの飾り羽にしても、飛ぶ時には空気抵抗にしかならない。

奇妙なのは羽毛だけではない。

オオグンカンドリは喉に巨大な赤い袋を持ち、それこそ風船のようにパンパンに膨らませることができる。ニワトリのトサカや喉から下がっている赤いヒラヒラにしても、かなり妙な構造である。これがシチメンチョウ

シチメンチョウ
肉垂の長さはモテの証

までいくと「気持ち悪い」の域に達する。首から上は羽毛がなくて皮ふが裸出しており、喉は真っ赤、顔は青、さらに額あたりからビロ〜ンと肉垂《にくすい》がぶら下がって、ゾウの鼻のようだ。**それ、美しい、か？**

とはいえ、こういったアクセントの追求は、暴走しがちなものである。**進化生物学ではランナウェイ仮説と呼ばれるものだ。**

例えば、シチメンチョウの肉垂を考えよう。最初はごく控えめなものだったとする。それがメスに選ばれるポイントになると、肉垂を持った子孫が増える。みんなが肉垂を持つようになると、前と同じ程度では差がつかない。よって、より長い肉垂を持った個体が選ばれる。これを繰り返してゆくと、肉垂はどんどん長くなるはずである。これが「ランナウェイ」だ。

もちろん、生きるのにあまりにも邪魔なほど長くなると、今度は繁殖する前に死んでしまうので、機能的な制約によってブレーキはかかるのだが、方向としては「長くなる方」に向かうはずである。

この辺の理屈は視聴者とテレビ局の関係に似ているだろう。ある番組がウケた場合、視聴者が刺激を求めるままに、テレビ局はその「ウケ路線」を突っ走ろうとする。かくして制作費が限界に達するまで（あるいはＢＰＯ〔放送倫理・番組向上機構〕に引っかかるまで）番組は過激化する、というのが常だ。

ちなみに視聴者は突然好みを変えてしまうことがあるが、動物のメスも好みを変えてしまうことはある。

例えば、クジャクのオスだけが持つ長い尾（正しくは尾と上尾筒からなる）はどう考えてもメスにモテようと発達したものなのだが、現在の伊豆シャボテン動物公園においては、もはやメスに対するアピールになっていないという研究がある。

長谷川寿一（東京大学）らは長年、伊豆シャボテン動物公園で繁殖しているクジャクのモテ方を計測していた（というとなにやら軽く聞こえるが、性選択の実証研究として非常に重要で厳密なものである）。長谷川らは尾の長さ、目玉模様の数、対称性など、様々な要因と、繁殖成功の関連を調べ続けた。だが、結果はことごとく予想を裏切るものであった。尾の長さも目玉模様も、オスのモテ具合と今ひとつリンクしないのである。

ところがある時、思いもよらない結果が出た。クジャクのオスの繁殖成功と強い相関を持っているのは、鳴き声だったのだ。**よく鳴くオスはモテる——なんとシンプルな、そして意外な結果であったことか。**

もちろん、「だからクジャクの尾はオスのモテ方とは関係なかったんだ」とか「進化論なんてうそっぱちだ」という意味ではない。海外の研究では対称性や目玉模様の数などが影響するという結果も出ているからだ。かつては立派な尾を持つことが、クジャクにとって重要だったのだろう。

ただ、伊豆シャボテン動物公園においては、どうやらメスがオスの選択基準を切り替えてしまい、「歌えるオスがいい」という好みにシフトしてしまっていたようなのである。あるいは、**「尾が立派なのは当たり前、さらに歌がうまくなきゃイヤ」と言う方が正しいかもしれない。**

もう一つ、このようなメスのぜいたくな好みに追従した結果だろうな、と思う例は、ゴージャスな尾羽の例として先ほども挙げた、オーストラリアにすむコトドリだ。この鳥のオスは外見上の飾りに加えて、もう一つ、とんでもない特技を持っている。物まねである。

コトドリについて、このようなエピソードがまことしやかに語られている。木材の伐採現場で、現場監督が不思議なことに気づいた。急に木材の積み出し量が減っているのだ。ところが、森の奥からはいつもと同じように、木を切っている音が聞こえる。これはおかしいと思った監督がこっそり見に行くと、木こりたちは道具を放り出して昼寝の真っ最中。そして、伐採地では1羽のコトドリが、木を切る音そっくりの物まねをしていた——。

これがどこまで事実かは知らない。コトドリは物まねが上手ではあるが、野生状態で人工の音をそこまでまねるかどうかは知られていないし、現場監督を騙せるものかどうかもわからない（だいたい、斧なのかチェーンソーなのかも不明だ）。**ただ、それくらいやってもおかしく**

ないくらいには上手である。

これは知り合いに聞いた話だが、飼育されているコトドリを一眼レフで撮影していると、あっという間にシャッターとモータードライブの音を覚え、カメラそっくりに鳴き始めたという。

一般に、こういう物まねの能力はオスの歌の魅力を増やすために発達したと考えられている。歌のレパートリーを増やす場合と、一つの歌の中にいろんな物まねを混ぜ込んで複雑化する場合とはちょっと意味が違うかもしれないのだが、どっちにしても、「歌う」という能力の強化のためだ。**コトドリはあれほど目立つ飾りをつけた上、物まねまで上手でなければ生き残れないという、あまりに過酷なレースを生き抜いてきたように思えるのだ。芸達者にもほどがある。**

「みにくいアヒルの子」は本当に醜いか

『みにくいアヒルの子』という童話がある。「なんだおめーきったねーの」とさんざんいじめられたアヒルの子が、ある日、成鳥羽になると真っ白な羽のハクチョウに生まれ変わる、という物語である。

言いたいことはわからなくもないし、実際ハクチョウの若鳥はすすけた色をしており、親のような純白とは違う。ただし、アヒルの体重はせいぜい5キロ、対してハクチョウは10キロを超える。ヨーロッパによくいるコブハクチョウなら十数キロだ。全長も1・5メートルほどになる。醜い以前に、いやもう卵の大きさを見た段階で、アヒルじゃないと気づけ。

それ以前に、ちょっと引っかかることがある。**アヒルにしてもハクチョウにしても、雛は十分にかわいいのである。**

アヒルの雛はいわゆる「ヒヨコ」だ。ぽわぽわの羽に覆われて、丸いお目めがクリクリしている。色は黄色。一方、ハクチョウの雛はやっぱりぽわぽわの羽に覆われて、丸いお目めがクリクリしている。色は白だが、背中から翼は灰色がかっている。確かに多少はくすんだ色合いだが、これを「醜い」と表現するのは、あんまりではないか？

それに比べると、スズメやカラスの雛はまさに「醜い」時期を通る。宮沢賢治の童話『貝の火』で、主人公のウサギの子は溺れかけているヒバリの子を助ける。この時の描写は「顔じゅうしわだらけで、くちばしが大きくて、おまけにどこかとかげに似ているのです」となっている。**これは正しい（そんな日齢の雛は巣の中にいるはずなので、なんで川に落ちたのかわからないにしても）**。

ニワトリやカモの雛は生まれた時から羽が生えていてすぐ歩けるが、多くの鳥の雛は生まれた時は裸で、目も開いていない。**顔はほぼ爬《は》虫《ちゅう》類だし、口と腹ばかり大きくて餓鬼みたいで**

ある。**はっきりいえば、全くかわいくない。**この状態から巣の中で急速に大きくなり、羽が生え揃い、どうにか飛べるくらいになると、巣から出てくる。この段階になるとモフモフ・ぽわぽわして、人間の目にも「かわいい」と思えるようになる。

これは成長や育て方が全く違う以上、仕方のないことだ。人間が子どもを、あるいはディズニーのキャラクターをかわいいと感じるのは、子どもを見たらかわいいと感じる（そして頑張って世話をする）よう、認知そのものにバイアスがかかっているからである。

それでも生まれたての赤ん坊はあまりかわいいとは言えないかもしれないが、赤ん坊の泣き声を聞けば、人間はちゃんと世話をする。赤ん坊の声が時に耳障りなのは、あの声が人間にとって非常に無視しにくい周波数だからである。泣き声を無視されるのは赤ん坊にとって命の危険を意味するから、何としても気づいてもらえるよう、また大人もすぐ気づくよう、音声と聴覚が進化したのだろう。

同様に、鳥の場合はまずパカッと開いた嘴と口の中、のちにはピイピイ鳴く声（最初はほとんど声を出さない）である。こういった刺激によって、親鳥の給餌行動が発動する。

これは非常に定型的で変更のきかない行動の一つで、**「鍵刺激に対する反応」**と呼ばれるものだ。**鍵と鍵穴のように、特定の刺激と特定の行動が一対一の対応を持っており、刺激を与えると自動的に行動する仕組みである。**

こうなってくると、動物の美しさは人間の感じる「美しさ」や、芸術の自由さとはずいぶん違うような気がしてくる。だが、実際のところ、どこまで違っているかは定かではない。

アズマヤドリのゆずれない美意識

動物に美意識があるかどうかははっきりしないが、メスを呼ぶために庭や東屋を作るニワシドリ、あるいはアズマヤドリの研究では、単なる定型的な行動とは言いかねるような、妙なこだわりが見つかっている。

この仲間はオーストラリアに分布するが、巣とは別に、メスを呼ぶためだけの構造物をオスが作ることが知られている。本来はオスが踊ってみせるための舞台として発達したようなのだが、舞台をきれいに整えた上、壁にはさまれた通路を作るもの、さらに小屋を作るものなどがいる。

凝った構造を作る種類ほどダンスが単純という研究もあるので、**どうやら途中で踊るのをほったらかして日曜大工に精を出した奴がいた（しかも、それがメスのお気に召した）ということなのだろう。**

彼らのこだわりは大変なもので、有名なアオアズマヤドリは庭一面に青いものを敷き詰める。これは生物学的にはオスの能力を測る指標にもできるだろう。というのは、青いものは自然界にそれほど豊富ではないからだ。花、貝殻などにあることはあるが、一面に敷き詰めようと思うと、大変な労力をかけなくてはならない。

これはすなわち、「自分にはこんなに珍しいものを集めてくる能力があるし、そんな無駄な手間をかけられるくらい生活能力もある」というアピールになり得るだろう。言ってみれば、かぐや姫が「火鼠の皮衣」だの「燕の子安貝」だの、無茶なものを持ってこいと要求しているようなものだ。さらに言えば、**ズルをしてでも求愛しようとする点も「かぐや姫」の物語と同じである——時に別個体の「庭」から、良さそうな飾りを盗んで来る。**

彼らの「美意識」は様々である。アオアズマヤドリは真っ青にしたがるが、もっと個体ごとの自由度のある種もいる。オオアズマヤドリには庭一面に白いものをばらまいた上で、ワンポイントのように赤いものを置く個体もいる。そのうえ、遠近法まで使う。チャイロアズマヤドリは小屋を作るが、さらに花や石を集めてきて、どういうわけか「ここは赤」「こっちは黒」のように色分けしたゾーンを作ってしまう。

こうなると、アズマヤドリ特有の美的センスとでもいうような何かを疑いたくなるのだが、さてさて、どうだろう。

キモカワイイの逆襲

キモカワイイ、というのは、考えてみたら残酷な言葉である。「キモいと言われるよりいいでしょ?」を報酬として、いじられキャラの立ち位置を確保してはいるが、決して前置きなしの「カワイイ」には昇格できない。ただしキモカワ系がアイドルグループのセンターを取ったら、この言葉は撤回してもいい。まあ、ないと思うが。

しかしまあ、言いたいことはわからなくはないのだ。**世の中には「外見が整っているわけではないのだが愛すべき存在」というものがある。**ダンゴウオなんてのはまさにこの類いで、見た目はほぼ『崖の上のポニョ』のポ

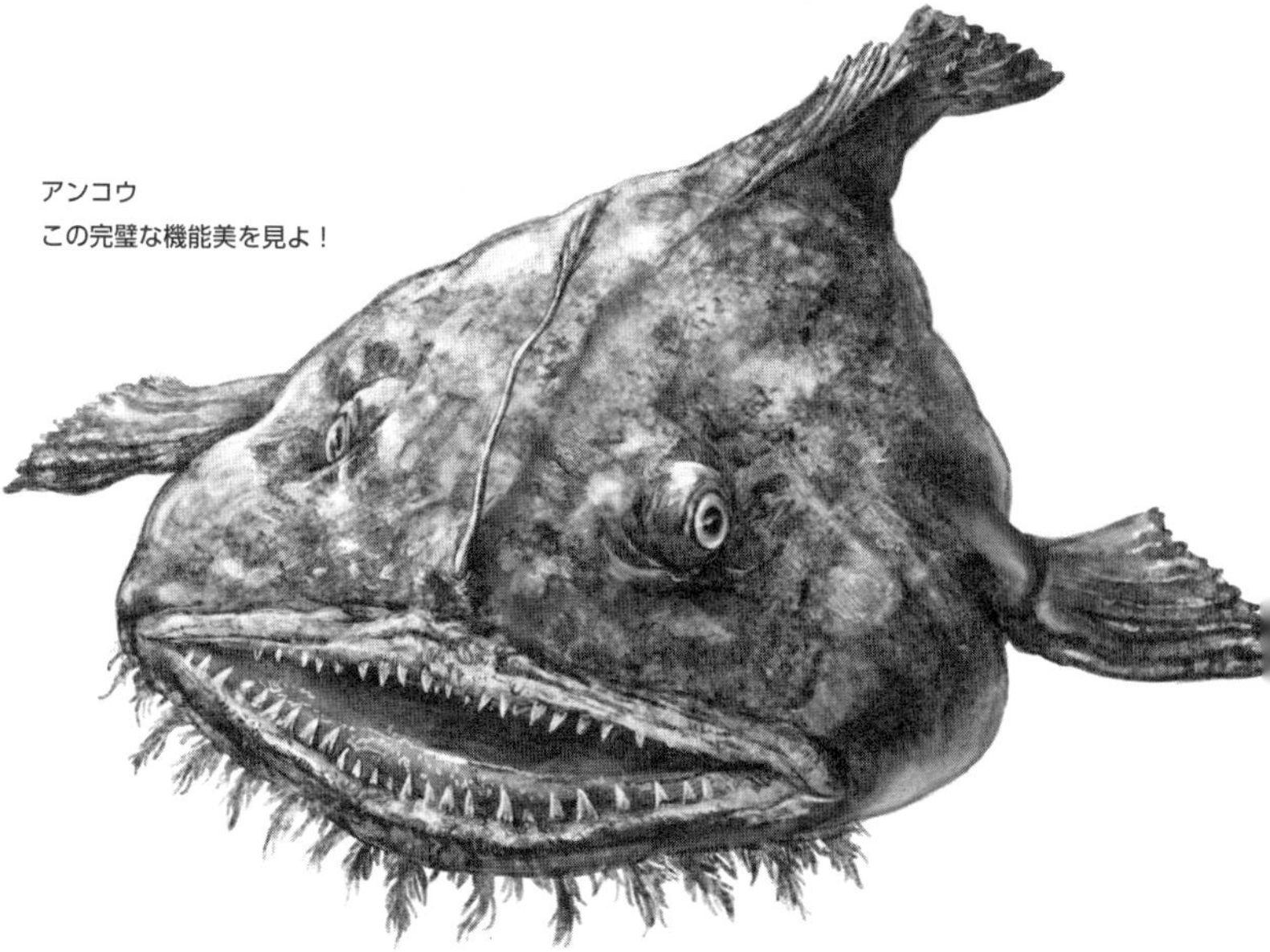

アンコウ
この完璧な機能美を見よ！

ニョか『ドラゴン・クエスト』のスライムである。クサウオ、コンニャクウオになると「キモ」成分が強くなってくるが、愛嬌《あいきょう》はある。

このキモカワ系の心理は生物学的にどう解釈していいのか全くわからないが、キモカワイイを通り越して完全に「キモい」系の動物もいろいろある。いちいちあげつらって読者を失いたくはないが、ヌタウナギの採餌シーンなんかは相当に気持ち悪い方だろう。

だが、気持ち悪い系と言われる生物たちを、少し弁護しておこう。

例えば、アンコウ。鍋に唐揚げにアン肝に、と舌を楽しませてくれる魚だが、見た目は到底、美しいとは言えない。はっきり言えばブサイクである。

だが、あれは非常に理にかなった形をしている。まず、海底にへばりついて身を隠すための平べったい体。砂地と同化して餌となる生物に存在を気づかれないための、地味な色合い。上を通る餌を見逃さないために、上方に向いた目。そして、いかなる餌も決して逃さず飲み込むための巨大な口と鋭い歯、大きな胃袋。**これを合理的に配置して設計したら、はい、アンコウになりました。**

彼らは別に見てくれで繁殖相手を選ぶわけではないので、美しさに投資する必要はない。**生物は生き残ってなんぼなのである。**第一、彼らの基準で美醜を決めるなら、むしろ「大きな口が素敵」「たぷたぷ腹こそ美人」となるであろう。

アンコウを超えて、世界一ブサイクと言われている魚はニュウドウカジカだ。これも深海魚なのだが、写真を見ると、なんというか、「リアル人面魚」としか言いようがない。ぶよんとした肌色の皮膚、オバQのような唇、そしてお茶の水博士のような鼻まである。

とはいえ、海中で撮影された映像を見ると、ちゃんと魚の姿をしている。この魚の体には筋肉が少なく、代わりにゼラチン質がたっぷり含まれている。水中でないと形を保てず、網にかかって引き揚げられるとぶにょんぶにょんのグニョングニョンになってしまうようだ。

なんでそんな不思議なことになっているかというと、ゼラチン質は比重が水よりもわずかに小さく、何もしなくても、かすかに海底から体が浮くらしい。ニュウドウカジカはなるべく筋肉を使わずに海底付近を浮遊することでエネルギー消費を最小化しているとのこと。なお、ブサイクと言われつつも縫いぐるみが作られたりして、それなりにウケている魚ではある。

鳥の中で気持ち悪いといえば、ハゲコウにハゲワシ、ハゲタカといった連中が筆頭だろう。鳥は羽毛に覆われているからこそ美しく、またかわいく見えているので、羽毛をむいてしまうとまさに鶏ガラ、やせ細った姿になる。**そういうわけで、「ハゲ」系の鳥の顔はだいたい、美しくない**。断っておくが、頭髪が薄い人間がどうだとかは一言も言っていない(私だってそろそろヤバい年なのだし)。

彼らに共通するのは、大型動物の屍肉《しにく》を漁る鳥だという点だ。
自分より大きな死体から内臓や肉を引きちぎって食べる場合、どうしても死体の中に頭を突っ込んで食べなくてはいけない。羽毛が血まみれになった上、熱帯の日差しで乾いてしまったら、これはもう大変である。少々洗ったくらいでは落ちない。そうして血肉が付着した羽毛は雑菌が繁殖しやすい状態にある上、その間近に目、口といった感染経路になりやすい部位がある。

そういった感染の例として、シャレにならない例を挙げておこう。1800年代の半ばまで外科医はロクに手や道具類の消毒もせず、どうかすると固まった血でバリバリのエプロンをつけたまま手術を行っていたというが、さぞ恐ろしい状況だったろう。

実際、外科医が処置する場合と助産師が処置する場合とでは出産後の産褥《さんじょく》熱（出産後の感染症の総称）による死亡率が全く違い、外科医が処置すると10倍ほど高かった、という統計まである。外科医は様々な病原体に接触するため、きちんと手洗いや殺菌を行わないと自分自身が感染源になってしまうからである。

というわけで、ハゲタカやハゲワシはいっそ頭の羽毛をなくしてしまい、清潔を保ちやすくしていると考えられている。**あれがモフモフで美しかったら即死なのだ（まあその前に血まみれでカピカピになっていると思うが）。**

それから、気持ち悪いというか万人向けの恐怖として、ヘビを挙げてみよう。ヘビを嫌う人間は多いが、実はサルもヘビが大嫌いである。面白いことに、生まれてすぐの子ザルもヘビ、ないしヘビのような細長いものを見るとパニックを起こす例がある。つまり、大人の様子を見て覚えるのではなく、生まれつきの傾向として怖がるのではないか、という説だ。

サルは樹上を生活の場とできる、数少ない脊椎動物である。木のてっぺんまで使える脊椎動物はリス、サル、鳥類など、あまり多くないし、大抵は小さな動物だ。その中で、樹上までやってくる、比較的大型の捕食動物として、ヘビがある。サルがどこに逃げようとヘビは近づいてくる可能性があるわけだ。仮説としては、その頃から生得的にヘビに対する恐怖が発生し、ヒトにも受け継がれている、というものである。

だが、仮にこれが事実であっても、ヒトの場合は個人差が大きいように思う。私はヘビが大好きで、子どもの頃は怖いと思ったことがなかった。見つけたら追いかけて捕まえて眺めていたくらいである。だから、「ヒトはサルから進化したから、ヘビが嫌いなのが当然なのだ」という意見にはちょっと、賛成しがたいところもある。

ただ、実家のあたりにヘビが少なくなり、ヘビを見る機会が減ってから山道でバッタリとヘビに出合った時は、確かに反射的にギョッとした。子どもの頃との大きな違いは、おそらく、ヘビを見かける頻度だ。となると、経験によって制御可能とはいえ、何か、生得的に避けようとする部分は、ないわけではないかもしれない。

とはいえ、それは別にヘビのせいではない。少なくとも日本にすむヘビが人間を飲み込んだ、なんて例はない。日本人にとってヘビは捕食者ではないのだ。**それでも気持ち悪いと感じるなら仕方ないが、嫌うべき理由は、特にないだろう。**

こういった「気持ち悪い」と言われる生物に共通しているのは、言うまでもないことだが、**「キモいなんて大きなお世話」ということである。**

そりゃまあ、肥厚した背中の皮膚に卵を埋め込んで保護するピパ（コモリガエル）なんかは確かに気持ち悪い。トライポフォビア（集合体恐怖症）の傾向がある人ならなおさらだろう（ピパがどんなものか画像検索したくなった人のために書いておくが、本当に閲覧注意なシロモノである）。だが、両生類が、なるべく多くの卵を保護しようと思えば、背中に埋め込んで持ち運ぶ、というのは悪い方法ではない。珍しい方法ではあるが、理にかなってはいる。

とはいえ、気持ち悪い、というのは多分に反射的・生理的な反応で、理屈をどう理解しようと、気持ち悪いものは気持ち悪い。だから気持ち悪いものをなるべく見ないようにするのは、間違いではない。

ただ、気持ち悪いものを「視界から遠ざける」のは、殲滅《せんめつ》することとはちょっと違う。私は納豆が苦手だが、だからって納豆を根絶しようとは思わない。自分の口に入りさえしなければ、それでいい。

気持ち悪いもの、美しくないものも、それと同じなのだろう。美醜の感覚は生物の機能から生じた部分もあるだろうから、ある基準を持っているのは仕方ない。ただ、**それから外れたものを排斥したくはないし、その一助として、「ああ、こいつらもこうやって生きているんだねえ」と理解するのは、悪くない方法だと思っている。**

3．「きれい」と「汚い」

チョウは花だけじゃなく糞にもとまる

実は不潔とも言えないゴキブリ

きれいか、汚いか。これはなかなかに難しい話だ。そもそも論を言えば、日本語の「消毒」という言葉がなんだかおかしい。あれは大抵の場合、「殺菌」や「除菌」である。菌やウイルスなどの病原体を除去ないし不活性化しているだけで、毒は消していないはずだ。例えばカビ毒のように、カビそのものではなくカビの作り出した毒素が悪影響を及ぼす場合、どれだけ除菌しようが滅菌しようが、毒性を無くすことはできない。

いや、そんなめんどくさいことを。別にええやん、と思われても仕方ないが、なんとなく、**「消毒」という言葉に、リアルをすっ飛ばした仮想的な「キレイさ」を感じてしまうのである。**「消毒したから毒になるものはなにもありません、だから安心です、なにが毒か、それがどうなったかは考えてませんけど」とでもいうような。

この言葉をちょいとやり玉に挙げたのは、「きれい」「汚い」がちょっと行き過ぎかなー、あるいはなんか迷走してないかなー、と思うことがあるからである。

「衛生害虫」という言葉がある。文字通り、衛生的に問題のある、つまり病原体を媒介する害虫のことだ。

ダニや蚊は刺されてかゆいだけでなく、細菌やウイルスを運ぶことがある。マダニによる重症熱性血小板減少症候群というのがあるし、蚊は日本脳炎、マラリア、デング熱、ジカ熱など多くの病気を運ぶ。全世界で最もたくさんの人を（間接的にだが）殺している動物は、蚊だと言われているくらいだ。害「虫」ではないが、ネズミもペスト、ハンタウイルスなど多くの病原体を媒介する。

で、台所には必ずと言っていいほど、ゴミの上を歩き回り、しかもその後で食品の上もウロつくやつがいる。Gのつくアレ……ゴキブリだ。

ところが、ゴキブリが媒介する病気というのは、考えてみたら思い当たらないのである。もちろん、なんらかの理由でゴキブリに付着した病原体が運ばれることはあるのだが、ゴキブリを宿主として移動するタイプの病気はない。

しかも、**最近の研究によるとゴキブリは非常に強力な抗体を持ち、いわば抗菌仕様のボディである。**まあ、居場所が排水溝だったりトイレだったりゴミ箱の中だったり、決して清潔な場所ではないし、体表面に付着する病原体まで皆殺しにするようなものではないが、漠然と思われていたよりはずっと少ないのだ。

もちろんゴキブリの体表についている菌はあるわけだが、それを言い出すと他人と握手なんか、絶対にできない。人間の手はあらゆるものに接触しており、医学的に言えば決して清潔なものではない。我々は日々、雑菌とお付き合いしているのだ。除菌関係のCMで「ほら、こんなところに雑菌が!!」などとあおり文句が入ることはよくあるが、いやいやいや。**あなたの手だの顔だの消化器官内だのに、ものすごい数の菌いるから。**

で、その次のCMは「生きて腸まで届く乳酸菌で腸内フローラを整えよう」だったりするわけだが、そのことに矛盾は感じないだろうか。

ここにも細菌、あそこにも細菌

腸内フローラというのは腸内の細菌叢《そう》、すなわち種々雑多な常在菌の総体である。有用な細菌もたくさんいるし、直接有用でなくても腸内の「生態系」を安定させるのに必要な連中ばかりだ。うっかりバランスを崩してしまうと、望ましくない細菌が増殖する恐れもある。まして除菌なんかした日には……だ。**人間はまだしも、腸内の共生細菌を使って餌を分解しているウシ科の動物やウサギなんか即死である。**

細菌だけではない。例えば動物の表皮にはニキビダニがいる。といっても肉眼では見えないほど小さい。

ニキビダニは皮脂腺に寄生し、基本的に寄生相手の体の上で生涯を終える。生まれてすぐの子どもにはいないが、親と接しているうちに、子どもにも移動してくる。そうやって1種類の動物の体にくっついて世代を重ね、寄生相手に特化した形に進化している。そのため、おそらくほぼ全ての哺乳類ごとに種分化したニキビダニがいるのではないかと言われており、それどころか1種の哺乳類の体表面に複数種のニキビダニがすみ分けていることさえある。

ほぼ全ての哺乳類ごとに、ということは、人間だって例外ではない。あなたも私も、まあ間違いなくダニがいるはずである。もっとも、よほど大増殖しない限りは特に悪さもしないので放っておけばいい（ダニが増えたせいで病状が出るのか、皮膚に病変があるせいでダニが増殖するのか、その関係はまだわかっていないが）。

ということで、**なにをどうしようが、人間の体には細菌やらダニやらがいる。**あこがれのスターだろうが握手会のアイドルだろうが歌劇団のトップだろうが最愛の恋人だろうが、それは間違いない。うひひひ。

と、ちょっと意地の悪い書き方をしたが、「だから他人と握手したら除菌しましょう」なんて言うつもりはない。人間は長いこと菌と一緒に生きてきたのだから、除菌に必死になってストレスをためるより、「別に悪さもしないし、そんなもんでしょ」と適当に付き合えばいいことだ。本当に危険な病原体が感染拡大しているなら注意すべきだが、問題は事実を忘れて「汚いもの探し」に奔走するのは意味があるのか、ということである。

実は清潔とも言えないチョウ

実のところ、きれいと汚いの境目は非常にあいまいだ。納豆と腐った豆の線引きが微妙なのと同じである。

腐敗と発酵はどちらも細菌による作用だが、**その境目は、人間に有害か、有用かというただ一点である。**その点で言えば、納豆は発酵食品であって腐敗はしていない。日本人は納豆に慣れているから、納豆を腐った豆と間違うこともない。

だが、納豆を知らなければ、「これは腐っている」にカテゴライズされても仕方ないのだ。日本人だってカピ（タイの、小エビの塩漬けを発酵させたペースト）を突きつけられたら逃げたくなる人は少なくあるまい。特に、海釣りをやる人はあの臭いになじみがある——炎天下に放置されて腐りかけたオキアミの臭いだ。いや、日本の食品でも、くさや、鮒鮨《ふなずし》あたりは好き嫌いのはっきり別れる（ありていに言えば、嫌う人の多い）臭いだ。

要するに、タンパク質が分解した匂いは、「おいしいアミノ酸がたっぷりですよ」に転ぶか、

「腐って有害物質が発生していますよ」に転ぶか、微妙なところなのである。

この辺をよく知っているのがチョウだ。夏の林道を歩いていると、ヒカゲチョウやタテハチョウの仲間が寄ってきて、体に止まることがある。木陰でチョウと戯れるひとときは楽しいものではあるのだが、彼らは別にあなたを歓迎しているというわけではない。**いやまあ、歓迎してはいるのだろうが、その理由は「おいしそう」だからである。**

チョウの餌は花蜜だが、ミネラルも必要だし、種類によってはアミノ酸の豊富な餌も利用する。動物の尿や糞、そして死骸だ。花蜜を吸うのと同じく、吻《ふん》を伸ばして、表面から栄養を摂取している。このような糞食性、屍食性のチョウは何種もいて、彼らはタンパク質が分解して発する臭いにも寄ってくる。その成分の中には乳酸などの老廃物も含まれるので、真夏の、汗だくになった人間の体はチョウにとって「おいしそう」なのである。

ということで、**肩先に止まったツマグロヒョウモンなんぞは「んー、なめてみたら味はイマイチだな」などと思いながら、Tシャツをチューチューしているのであろう**（ただし、蜜食性のチョウはシャンプーや芳香剤のフローラル系の香りにも寄ってくるので、チョウにたかられても汗臭いとは限らない。念のため）。

カラスは毎日水浴びする

さて、カラスなど、鳥類にも「きれい」「汚い」の二分法は適応される。カラスはゴミを漁っていることもあるから、当然、ゴミ袋の中に嘴を突っ込んでいる。当然、その中には腐敗菌が繁殖しているものもあるだろうし、その他の雑菌もいろいろあるだろう。**だからカラスの嘴にはキタナイものがいっぱいついていて、バイキンをまき散らすんだね！**なんてことはない。**カラスは大変にきれい好きだからである。**第一、ハゲワシのところで説明したように、腐敗菌と腐肉にまみれたままでは、本人が死んでしまう。

餌を食べた後、カラスがまず行うのは、嘴を磨くことだ。止まった電線や枝に、何度も何度も、執拗に、丁寧に、嘴をこすりつける。これでまず、応急処置としてのクリーニングが行われる。

次にやるのが水洗いだ。「カラスの行水」なんていうが、カラスは1日1回は水浴びしている。1日じゅう追跡観察をしていると、朝昼夕と3回やっていることさえある。**正直言って、人間より身ぎれいなくらいだ。**

水浴びの目的は羽毛の汚れを落とす、寄生虫を落とす、水で濡らして羽を整えやすくする、などの理由が挙げられているが、カラスの場合、明らかに嘴の清潔を保つためにやっていると思える部分がある。水浴びの時、かならず嘴から洗うからである。

カラスは水たまりに近づくと、まず、顔を突っ込み左右に振って、嘴と顔をジャブジャブ洗う。気が済まなければ2度、3度とやる。それから、おもむろに翼を使って水を跳ね上げ、全身を濡らす。**真っ先に嘴を激しく洗うのは、嘴を清潔に保つのが重要なのではないかと思えるわけだ**。他にそんな洗い方をする鳥は見たことがない。

あ、一つだけいた。オオハシである。

オオハシというのは、中南米産の中型の鳥だ。大きさはハトくらいだが、極めて特徴的な姿をしている。オオハシとは「大嘴」と書き、とにかく嘴が巨大なのだ。全長の1／3くらいが嘴である。しかも長いだけ

カラス
「カラスの行水」で清潔が保たれる

でなく、頭の高さいっぱいの嘴だ。幅の方は薄っぺらいが、横から見ると半分に切ったバナナを頭にくっつけたみたいである。

さて、このオオハシの仲間は何種もいるが、どれも嘴が大きく、かつカラフルだ。赤、黄色、白などのカラーリングで、顔とのつなぎ目にはゴムパッキンみたいな黒い部分まである。ここからカパッと外して付け替えられるんじゃないかと思ってしまうくらいだ。

オオハシの嘴の色合いは、おそらく、種を認知するためである。「私はキムネオオハシです」「私はオニオオハシです」とお互いに示すための、いわば飛行機の国籍マークのようなものだろう。

さて、野生のオオハシを見たことはないのだが、以前、神戸にあった神戸花鳥園（現神戸どうぶつ王国）で、オオハシを間近に見たことがある。ここでは大きなフライングケージ内にオオハシが放し飼いにされており、餌を買って与えることもできた。中には人懐っこい子もいて、餌箱（１００円入れて自分で蓋を開けて取り出すようになっている）の前で待ち構えていて、人が来るとじーっとこっちを見ていたりした。

このオオハシに餌を投げると、長さ10センチ以上もある大きな嘴を器用に操ってヒョイと受け止める。それから餌をポイと投げ上げると同時に、上を向いて口の中に落とし込む。それからまた「もっとくれないかな」とこっちを見る。

こうやってしばらくオオハシと戯れていたのだが、そのうち、オオハシは水場にやって来た。水を飲むのかな、と思ったら、まるでカラスがやるのと同じように、丁寧に嘴を水場の縁にこすりつけ、清掃し始めた。

これが済むと、今度は水の中に嘴を突っ込み、ザブザブと洗った。それからまた嘴をこすりつけ、また水に突っ込み、片足を上げて嘴を掻《か》いた。特に顔の羽毛との境目あたりをカリカリと掻き続けた。その間、実に5分。**嘴の手入れをやり続ける時間としては結構な長さだ。**カップラーメンができるどころか、下手すると半分がた食べるくらいまで、ずっとやっているわけである。

キムネオオハシ
嘴洗いは怠りません

それから、オオハシは水場に身を乗り出し、翼をバシャバシャやって水浴びした。ほんの数秒、水を跳ね上げると、翼をパサパサと振って乾かし、嘴でチョイチョイとなでつけ、足を上げて頭を掻いた。**オオハシの水浴びと羽づくろいはそれで終了。1分もかかっていない。どう考えてもあまりに雑だ。**

カラスだって、水浴びに1分やそこらはかかるし、その後で羽を整えるのにも数分かかる。下手すると途中で休憩しながら10分くらいやっている。それと比べると、オオハシの体のお手入れは、あまりにも嘴に偏りすぎであった。いや、1回見ただけで決めつけることはできないが。

寄生虫たちの過酷な生存戦略

さて、鳥の体には寄生虫がいる。**いや、寄生虫と聞いてドン引きしないでいただきたい。寄生虫の多くは宿主に特化しており、他の生物には寄生できない。**まあ、まれに相手を間違うこともあり、間違った場合は宿主が余計にひどいことになったりもするのだが、あくまで少数例である。

鳥によくついているのはウモウダニやハジラミ、シラミバエだ。ウモウダニは鳥の羽毛にぴったりと張り付いており、そう簡単には離れない。ただし、鳥から吸血するというより、老廃物や他のダニなどを食べているらしい。**どちらかといえば、鳥の役に立っているとさえ言えるかもしれない**。彼らは鳥の羽毛の羽枝の間の溝にピッタリとはまり込むような体をしており、宿主に合わせて進化したことをうかがわせる。

シラミバエは吸血性だが、ごく小さいのでとりたてて宿主の負担にはなっていないようだ。この昆虫は名前のとおりハエの一種なのだが、鳥の体表で一生を過ごすため、翅が退化している。ニキビダニと同じく、寄生相手ごとに種分化しており、おそらく鳥1種にシラミバエ1種、といった様相になっているはずだ。「はずだ」というのは、研究が進んでいないのでよくわからないからである。

以前、共同研究者と沖縄で調査中にリュウキュウコノハズクの死骸を見つけてビニール袋に入れたら、シラミバエが袋の中を飛び跳ねていたことがある。この時はわざわざ「シラミバエ注意」と大書してから、研究機関に送った。鳥の方も貴重な標本だが、シラミバエはもっと貴重な標本かもしれないからだ。

寄生虫というのは案外、潰しの効かない暮らし方をしている。宿主にきめ細かく対応した形質を持っている反面、宿主を間違うと生きていられない。なんとしても、特定の宿主に寄生できなければ、そこで終わりなのだ。

例えば、ハリガネムシという奇妙きわまりない生物を例に挙げよう。ハリガネムシは線虫の一種だが、体が妙に硬く、まさに「生きたハリガネ」である。柔軟にクニャクニャと曲がるのではなく、ハリガネのようにクキ、クキと曲がる。長さは30センチくらいある。

さて、ハリガネムシの最終宿主はカマキリなのだが、どうやってかカマキリの神経系に干渉し、宿主を操って水辺に向かわせる。水の匂いなのか、水面の反射なのかわからないが、そういった刺激に向かうように操作するようだ。そうしてカマキリが水に接したり、落っこちたりすると、カマキリの腹に穴をあけて外部に抜け出す。

この動きはかなり素早いようで、大学の後輩がカマキリを捕まえてビニール袋に入れ、ベンチに置き、デイパックを開けてから振り向いたら、袋の中にはカマキリと一緒にハリガネムシがいたそうである。わずか数秒で飛び出して来たとしか考えられない。

さて、宿主の体から脱出した時が、ハリガネムシにとっても最後の時だ。水中に産卵して生涯を終える。

水中で孵化したハリガネムシの幼生は、カゲロウの幼虫など水生昆虫に寄生し、その体内で大きくなる。

問い：そこからカマキリへはどうやって移動するか？

答え：水生昆虫がカマキリに食われるのを待つ。

最初に水生昆虫に寄生できるかどうかもかなり綱渡りだと思うが、それがカマキリに食われないと始まらない、というのはあまりにも過酷である。魚に食われても鳥に食われてもクモに食われてもコウモリに食われてもダメなのだ。運よく（？）カマキリに食われたハリガネムシの幼生だけが、大人になるチャンスを得る。もちろん、そのカマキリが無事に最後まで生き残ってくれるという保証はない。ネコに食われたり、車にひかれたりしたらおしまいだ。

寄生虫というやつも、ああ見えて苦労しているのである。

この世に楽な生き方などない。

なお、カラスはカマキリ——特に秋の、産卵を控えて丸々太ったカマキリが大好物だが、カマキリを食べている時にハリガネムシが出てくることもある。こういう時、カラスはハリガネムシを足で踏んでキープしておき、まずカマキリを食べた後、ハリガネムシも食べてしまう。非常に食べにくそうなので諦めることもあると思うが、三つ折りにして無理やり飲み込むのを2度ほど見ている。

その後、ハリガネムシがどうなるかは知らない。カマキリの体内には適応しているはずだが、カラスの腹に収まって無事かどうかは、神のみぞ知るだ。ちなみにハリガネムシを食べてしまったカラスはその後も生き残っていたようなので、いきなり消化管を食い破られたりはしなかったようである。

鳥インフルエンザの危険度とは？

大学で非常勤講師として都市の鳥について講義しているのだが、期末レポートを読んでいると、毎年、少なからぬ学生が、ハトについて書いてくる。大概は公園なんかによくいる灰色っぽいドバトについてだ。そして、最後は判で押したようにハトの糞による健康被害や病原体について触れ、「このような被害もあるので対処が必要である」と結んでいる。

いやまあ、それは間違いではないのだが……。君たち、インターネットで「ハト　都市」とか打ち込んで検索したでしょ。で、トップに出て来たサイトを見て書いたでしょ。そのサイトはハトよけを販売している業者だから、「ハトかわいいっすよねー、別に気にしなくていいですよ」なんて書くはずがないのだ。「被害があるのでぜひ我が社のハトよけを」と書くに決まっている。

確かにドバトの巣の周辺は糞がてんこ盛りになることがある。**鳥はあまり糞を気にしない生き物だが、ドバトは特に、気にしない方である。**ベランダのような場所に営巣すると特にそうだ。これが高い場所なら、多少は下に落ちるのでマシなのだが。

病原体の話は実際に健康被害があるので、安易に「大丈夫だよ」と書くことはできない。リスクは常にある。ただ、リスクというのは確率論なので、直感的に理解しにくい部分がある。たとえ病気になる確率が低くても、当事者にとっては我が身のことだ。その体験談を聞けば印象はずいぶん違うだろう。

とはいえ、例えば登山でいうなら、「このルートは100人に1人が事故死します」と「こっちは1万人に1人が事故死します」とでは危険度が全然違う、というのはわかるだろう。事故に遭ってしまえば本人にとっては同じことなのだが、それでもやっぱり、「1万人に1人」の方が安全である。

鳥からうつり得る病気としては、鳥インフルエンザや西ナイル熱がある。鳥インフルエンザは鳥類には時に致命的な病気だが、基本的に、人間には感染しにくい。鳥インフルエンザのまん延で真っ青になったのは養鶏業者だ。感染した鶏は他の鶏への感染源になるし、いくら人間にうつりにくいからといって感染した鶏を出荷することもできないので、多くの場合、鶏舎の鶏を全て殺処分するからである。

鳥インフルエンザは人間のインフルエンザの原種みたいなものだが、鳥から人に直接感染したわけでは、多分ない。おそらくブタか何か——感染の機会があって、かつ代謝系が人間に似た動物を経由しているだろう。**こういった異種間感染を繰り返すうちに、新たな宿主により適応した変異株が生じ、その果てに全く別の動物の間で流行する新種のウイルスが生じたのだと考えられている。**

鳥インフルエンザに関して言えば、今のところ、野鳥から人間に感染する可能性はかなり低い。東南アジアなどで鳥から人への感染が疑われる例は、市場などの、血液や排せつ物が飛び散るおそれがあり、しかもその横で何か食べているところだ。

現状、鳥インフルエンザウイルスはそれほど人間に感染しやすいものではないので、体液の接触など、かなり濃厚な接触条件下でないとうつらない。ちなみに体液の接触というのは、防疫的に言えば「絶対ダメなやつ」レベルだ。血液や細胞は大量のウイルス粒子を生きたまま持ち運んでしまう。まして、粘膜のような、体表面の中でも防護の甘い部位に付着すると非常によろしくない。だが、野鳥に関して言えば、病気の鳥を抱きしめてスリスリするのでもない限り、さして心配する必要はないだろう。

西ナイル熱は蚊が媒介する病気なので要注意だが、今のところ、日本には入って来ていないようだ。多くの場合は発熱だけですむが、まれに心臓発作を起こすことがあり、あまりナメてはいけない病気である。

まあ、例外的に危険なのはむしろ鳥類研究者で、「鳥を捕獲してて噛まれると熱が出るよねー」

などという話は時々、耳にする。これはいろんな意味で危ないので（仮に自分は何度も噛まれて免疫があっても、発症しないままよそへ病原体を運んでしまうと余計によろしくない）、研究者は十分に注意すべきではある。アメリカあたりのフィールドワーカーに比べると日本の研究者の防疫体制はゼロに近いとのことなので、これはもうちょっと考えるべきかもしれない。

ネコの肉球をフニフニできるか？

雑菌や病原体に注意して悪いということはない。しかしだ。

だったらネコの肉球をフニフニしているのは、いいのか？　イヌに顔をなめられているのは、いいのか？

そのネコがいったいどこを歩き、何を踏んで来たか、あなたはちゃんと把握しているだろうか？　イヌだって一体何をなめたり、鼻先をくっつけたりしたか、全て見ていただろうか？

もちろん、人間の感覚として「この子ならいいんだもん」という許し方はある。他人が口をつけたグラスは嫌でも、恋人と唇を重ねるのは別に気にしないだろう。そういう意味で、家族同然の動物と、どこの馬の骨とも知れない野生動物では距離感が違うということも、そりゃある。

だが、そういう自覚的な問題ではなく、ものすごく単純に「野生動物のことはよく知らない」「知らないからとりあえず敬遠しておく」「ハトって、バイキンがいっぱいいるんだって！」「まあこわいわ～」というような、こう言っちゃなんだが、雰囲気だけが上滑りしたような嫌われ方をしている場合も、しばしばあるような気がする。

私の感覚としては、**イヌに飛びつかれて顔をなめられるのが平気なら、カラスがその辺にいるくらい全く問題ない**。それで死ぬようなら、カラスだらけの東京に住む人間なんかとっくの昔に絶滅している。

もちろん、私はイヌもネコも大歓迎である。親友の飼っていたアーモンドというでっかい

ネコの肉球の臭いが好きな人いますよね

イヌ（アモ君）と一緒に寝たこともある。正確に言えば、その友達の家を訪ねた時に「そこのマットレスで寝てええよ」と言われたのがどうやらアモ君の寝床だったようで、しばらくすると当たり前のように隣に来て寝てしまった。

「どいてくれ」とも言わなかったところが、アモ君の優しいところであった。ついでにだいぶ顔をなめられたが、アモ君はいい子だから、それも気にしないことにする。

PART 2 性格の誤解

人は見た目じゃないよ、中身だよ！
そう、確かにその通りだ。
だが人間は動物の行動を人間の理屈で解釈し、
勝手に性格や性質を想像してしまいがちだ。
動物の見ている世界は人間と同じではないし、
考えていることも、生きる道も違う。
そこを理解した上で、
相手のアタマの中を考察するのも動物行動学の守備範囲だ。

4.「賢い」と「頭が悪い」

鏡像認知できるハトとできないカラス、賢いのはどっち?

人間と同じことができるから賢いだって？

カラスは賢い。これはもう、枕詞と化した感がある。

確かにカラスの認知能力は高いのだが、「カラスは賢い」で済ませてしまうと、いろんなことが見えなくなる。**ここでは賢さというものを、いろんな角度から見てみたい。**

賢いと言われる動物はいろいろある。筆頭はチンパンジー、ボノボ、ゴリラ、オランウータンといった類人猿だろう。

類人猿というのは前に挙げた4種にテナガザル類を加えた、尻尾のないサルだ。人間も分類からいうとこの仲間になる。

彼らの賢さを物語るエピソードはいろいろあるのだが、代表的なものとしてはチンパンジーの道具製作と道具使用が挙げられるだろう。

チンパンジーは折り取った小枝の先端を噛んで適当に潰してから、シロアリのアリ塚に差し込んでチョコチョコとくすぐる。怒った兵隊アリたちが枝に噛みつくと引き出し、焼き鳥でも食べるように横ぐわえしてシロアリを食べてしまう。枝を潰してシロアリが噛みつきやすいようにするとか、くわえて一気に食べてしまうあたりが、非常に気の利いた、賢い行動のように思える。

それ以外にも、石でナッツを割るなどの行動も見られる。チンパンジーの個体群はアフリカ各地にいるが、どの個体群でも道具使用が見られ、かつ、集団によって行動が違うので、集団内で継承されている、一種の文化のようなものなのだろう。オランウータンも雨が降ると葉っぱを取って頭に乗せ、傘にしたりする。

かつて、「道具を使う」のは人間の専売特許だと考えられていた。だが、石でナッツを割るチンパンジーが見つかると、「道具を作る」のが人間の特徴ということになった。ところがチンパンジーは道具を自分で作ることがわかり、またしても人間の専売特許ではなくなった。

今では、**「道具を使って道具を作る」**のが人間の特徴ということになっている。**エテ公と一緒にされてたまるか、という気持ちはわからなくもないが、いささか往生際が悪いようでもある**（いや、もちろん純粋に学術的に、動物に何ができて何ができないか、というのは研究テーマたり得るが）。

だが、道具使用なら、「鳥アタマ」としてアホの代名詞みたいに言われていた鳥類だって行うのだ。

　道具を使う鳥として古くから知られていたのが、ガラパゴスにいるキツツキフィンチだ。この鳥は昆虫食性だが、サボテンの針をくわえて樹皮の隙間に潜む虫をつつきだして食べることがある。道具として針を加工するわけではないが、立派な道具使用だ。

　もう少し単純な例だが、アフリカにすむエジプトハゲワシは石を投げつけて（あるいは空中から落として）ダチョウの卵を割って食べる。これも自分の嘴だけでは割れない頑丈な卵を割るための道具使用である。**卵の方を硬い地面に叩きつけた（空中から落とした）場合は道具使用とは言わないが、「地面が硬いという性質を利用した」という意味では、ちゃんと考えている。**

虫をつつくキツツキフィンチ
鳥アタマなんて言ってごめんなさい

地面に落としたりするのは**「基質利用」**といって、道具使用の前段階的な行動とされている。ちなみに、基質利用なら魚にも見られることがあり、ブダイの仲間が貝を岩に叩きつけて割る行動が観察されたことがある。

基質利用する動物がステップアップすると道具を使用するようになる、とは限らないが、**「お利口なやり方」という意味なら、結構いろんな動物がその片りんを見せるわけだ。**

道具を自分で作れるカレドニアガラス

さて、この道具使用について、鳥の中でトップレベルにあるのが、カレドニアガラスである。カレドニアガラスはニューカレドニア島に分布するが、1990年に衝撃的な発表があった。カレドニアガラスは野生状態で、道具を自分で作って使うのだ。ヒトとチンパンジーにしかできないはずだった、道具製作者の地位にいきなり入ってきたのである。

これは、**人間が漠然と考えていた、「ヒトくらい知能が高くて手先が器用じゃないと道具を作れない、チンパンジーはヒトに準ずるからそれくらいやるけどね」という思い込みをひっくり返すできごとだった。**

カレドニアガラスの道具は、穴や隙間に潜む餌を引っ張り出すためのものだ。例えば、葉をちぎって葉柄《ようへい》だけにしたツールを使い、倒木の穴の中に潜むカミキリムシの幼虫を引っ張り出すことができる。しかも「引っ掛ける」のではなく、絶妙な力具合でコチョコチョすることで幼虫を怒らせ、嚙みつかせてから引き抜く。

これをやるには適切な道具を作り、しかるべきくわえ方で顔の前に構え、それを上手に操って動かさなくてはいけない。そもそもの行動がどうやって発達したのかもわからない。巣立ち雛は道具製作も下手なら使い方も下手なので、何度も練習して習得するのは確かなのだが、一体なにがきっかけでそんなことを始めたんだか？

カレドニアガラスのツールにはフックツール、パンダナスツールなど2、3種がある。

カレドニアガラスのフックツール
手も使わずに作るってすごくない？

それぞれ使い方も素材も違う。**それぞれのツールの種類には地域性もあるので、おそらく、限られた範囲で使われているのだろう。**

ただし、ニューカレドニアに行けばカレドニアガラスがいて道具を使いまくっている、なんて思ってはいけない。カレドニアガラスの生息地は森林で、個体数も少ない。テレビで見かける野生のカレドニアガラスの撮影場所は、大概同じ場所だそうである。実のところ、野外での研究はごく限られており、野生状態でどうやって道具使用を学び、伝えているのか、よくわかっていない。よく研究されているのは飼育下の個体だ。

極端な意見としては、倒木からカミキリムシの幼虫を釣るのは、人間の行動を見たからではないかというものまである。現地ではカミキリムシの幼虫を食用にしていたし、今も、祭りの時に倒木を斧で叩き割って先にカミキリムシを探した方が勝ち、というゲームを行うからだ(なお、カミキリムシの幼虫を食べる習慣はよくある。古代ローマ人も食べていた)。

知能が高いと思われている動物というと、イルカ、クジラ、ゾウなども挙げられる。鯨類は道具を使うことはないが、複雑な音声コミュニケーションや歌を持っていたり、集団を作って共同で狩りをしたりする。集団を作って生活するのはゾウも同じで、さらに彼らは器用な鼻まで持っている。なかでもゾウは仲間が死んだ場所に時々戻ってきて、鼻を伸ばして野ざらしになっている骨に触れる例が報告されている。

これが「死を悼む」行動なのかどうかはわからないが、偶然通りかかって「なんだこれ」と触っていると考えるとかえって不自然だ、と感じている研究者は少なくないという。**死という概念を持っているという証拠はないにせよ、何か記憶に残る特別な場所として扱っている可能性くらいは、あるかもしれない。**

社会を作り、個体間の関係をさばく社会的知能はカラスも発達している。よく調べられているのはワタリガラスで、若いカラスはよい餌を見つけると仲間を呼び、ナワバリ持ちの大人に邪魔されないよう数で勝負したりする。

日本のハシブトガラスも、若い個体は餌を見つけると仲間を呼ぶようだ。彼らはそのための**「フードコール」**と呼ばれる音声を持っている。ゴミ袋の上で、電柱に止まったカラスが「カア、カア、カア」とゆっくり鳴いていたら、これがフードコールである。

また、集まったカラスが一声ずつ「カア」「カア」と鳴いていたら、**これはどうやら「俺参上」の意味だ。**この声は個体によって周波数特性に違いがある。つまり、個体によって声が違う。そして、カラス同士はその声を聞くと誰の声かちゃんとわかる。**ハシブトガラスは鳴き合うことで「俺がいるぞ」「自分もいるぞ」と教え合っているのだろう。**

「誰がアホやねん！」byハト、アリ、イワシ

さて、このように「賢い」動物はいろいろある。では「賢くない」……ありていに言えば「アホ」扱いされている動物はどうだろう。

例えば、どう見ても賢そうに見えない、ドバト。ドバトがどうにも賢く見えないのは、おそらく、あの「何も考えずにひたすらなんでもつつく」という態度のせいだ。つついては餌を吹っ飛ばし、キョロキョロしてまた拾ってつついて吹っ飛ばす。**アホか、足で踏んで押さえとけばいいだろう！と思ってしまうが、ちょっと待った。それは酷な注文である。**

ハトだけでなく、多くの鳥は「餌を足で踏んで食べる」という行動が取れない。単純に足と首の長さの問題でやりにくい場合もあるだろうし、神経系がそういう行動に対応していない場合もあるだろう。人間だって「理屈としてはできるが、やるには訓練がいる」という行動はたくさんある。右手は3拍子、左手は4拍子で同時に机を叩けと言われたら、普通は何をどうやっていいかもわからない。

ベランダなどに堂々と巣を作ってしまうのも、バカなわけではなく、彼らの生活史にのっとってのことだ。ドバトはもともと、西アジア原産のカワラバトである。それを人間が飼い慣らして、食用・愛玩用・伝書鳩用などとして世界中に広まった後、野生化したのがドバトだ。彼

らの故郷は乾燥地帯だったから、営巣場所も岩山の崖などである。樹木が貴重なので、巣材もふんだんに使えるわけではなかった。

最初から人間に飼われていたドバトはあまり人を恐れない。日本では寺院など大きな建物にすみ着いていたようだが、人間がビルを建てるようになると、これを岩山と見なして営巣するようになった。**だからこそ、彼らはベランダを「岩山の途中にある適当な足場」と見なし、ほんの10本ほどの枝を並べた（見かけは非常に粗雑な）巣を作る。**

決して頭が悪いわけでも、手抜きをしているわけでもない。

アリやシロアリのような集団性の動物も、1匹ずつを見れば全く賢そうには見えない。アリなんてひたすらウロウロしているだけだし、餌を巣穴まで引っ張ってゆく時も、共同するとは限らない。ひどい時には2匹のアリが反対方向に引っ張ろうとして、無駄に苦労している。ところが、アリもシロアリも、集団になると極めて複雑な構造を持った巣を作り上げる。SFなら「単体では知能のない生物が集合することで巨大な知能として機能する」といったアイディアにもなるだろうが、アリもシロアリも、個体同士が情報を通信しあって演算しているわけではない。

動物が時に見せる「見事に統制のとれた集団行動」は、ごく単純なプログラムに制御されて

いることがある。例えば、イワシの群れが障害物に遭遇した場合、流れるように二つに別れて障害物を回避し、再び合流する。まるで群れ全体が意思を持ったような動きだが、実はあれ、どういう行動なのかだいたいシミュレーションができている。しかも驚くべきことに、イワシの群れを制御するプログラムはごく単純である。

（1）前を泳ぐ個体について行け
（2）周囲の個体と一定の距離を保て
（3）障害物が近づいたら右か左に避けろ

これだけだ。

群れがまとまって泳いでいる時が、周囲の個体とは一定の距離を空けて、前の個体

素早く分かれるイワシの群れ メカニズムは単純だった

について行っている状態だ。ここで真っ正面に障害物が出てきた場合、先頭付近の個体は右か左に避ける。前の個体が右に避けた場合、次の個体も右について行く。右隣に誰かいたら横からぶつかりそうになるが、その個体は「一定距離を保て」「障害物が接近したら避けろ」という条件に従って避ける。この場合、右にしか避けられない。

というわけで、群れの先頭が左右に分かれ始めた瞬間、後続の魚たちも川が分かれるように二つに分離する。障害物をクリアすると、今度は「前の個体に一定距離を保って」すなわち「距離を空けすぎるな」というプログラムに従い、至近距離にいてしかも自分より前にいる個体に追いつこうとする。これが、分離した群れがまた一つになる理由だ。

と、これまで言われていたのだが、最新の研究によるとさらに単純な、「ランダムに誰かに付いてゆく」という方法だけでも実現できるし、実際そうではないか、とのこと。より単純なプログラムで行動を制御できているなら、それはそれですごい。

集団になると発揮されるこういう能力は、**「群知能」**と呼ばれる。細菌のコロニーが増殖を制御するとか、ホタルが小群を作って散らばるなどの例があり、人工知能のアルゴリズムにも応用されている。**このタイプの賢さを発揮する動物は、「個々のプログラムは非常に単純だが、集団になるととても賢く見える」連中だ。**昆虫はミニマムなハードウェアになるべく単純なプログラムを実装し、いかに複雑な行動を実現するかを競っているようなところがあるので、このような「賢さ」とは相性がいいはずだ。

昆虫にヒトのような巨大な脳を与えると、そもそも体の作りが破綻してしまう。外骨格で支えられた体はそれほど大きくなれないし（大きくすると体内にまで間仕切りが必要になり、重量がかさむ）、循環器系も大型化に向いていない。彼らには明確な血管がなく、血液は心臓から送り出されてなんとなく体内に分散し、なんとなく戻ってくる。

小さな体ならシンプルでいい方法だが、ある程度以上大きくなると効率が悪すぎてまともに動けないはずだ。

世界は異質な知性で満ちている

さて、道具使用以外にも、多くの動物にはできない認知能力がある。例えば**「鏡像認知」**だ。鏡像認知というのは、**「鏡を見て、映っているのが自分だとわかること」**である。人間はこれができるが、小さな子どもにはわからない。だいたい2〜3歳頃にできるようになるようだ。

動物の場合、鏡を見ると大抵は「他個体がそこにいる」と思い込む。魚もネコも、鏡を見ると後ろをのぞきに行くが、これは「そこに誰かがいる」と思っているからである。

多くの鳥、例えばセキレイやジョウビタキは、自動車のバックミラーに喧嘩を売る。鏡に映る相手を威嚇すると向こうも威嚇し返してくるので、闘争はエスカレートする。さりとて相手の周りを回ろうとすると、鏡の裏には誰もいない。戻ってくると相変わらずそこにいる。かくして、最後は鏡を蹴り飛ばすのも珍しくない。

ヒト以外の動物の中で鏡像認識ができるのは、チンパンジーやゴリラだ。彼らの体の、自分では見えないところにこっそり汚れをつけておくと、鏡を見て汚れに気づき、自分の体を触る。もちろん最初は鏡に触れたりするのだが、そのうちに「これは他個体ではない」と認識する。

ゾウとイルカも鏡像認識ができるとされている。類人猿と鯨類とゾウなら、まあ納得いくだろう。彼らも非常に賢い動物だからだ。カササギもできる。カササギはカラス科の鳥で、さすがにカラスの一派だけあって利口なのだろう。そうそう、ハトもできる。イカもできる。ホンソメワケベラという魚にもできる。だが、ハシブトガラスにはできない。

ハトのあたりで疑問を感じ、イカに魚で「はあ?」と思われたのではないだろうか。おまけに、カササギにはできるのにカラスにはできない。ハシブトガラスに鏡を見せるとものすごい勢いで喧嘩を売るばかりである。**ひょっとしてバカなのか、カラス**。

この点についてカラスを擁護しておくと、彼らは縄張りと順位を持ち、非常に喧嘩っ早い生き物だ、という理由が考えられる。鏡を見て「これはなんだかおかしい」と思いつく前に、頭に血が上って攻撃してしまうのだろう。

だが、あのハト（ドバト）にも、時間はかかるそうだが、鏡像認識ができるのは驚きだ。
イカの場合は実験方法が少し違い、本物のイカに対面させた場合と、鏡像に対面させた場合で行動が違うことがわかっている。もちろん鏡像は自分と同じ信号しか返さないし、匂いなどもないので、本物のイカを相手にしている時とは状況が違うだろう。そのような違いによって反応が変わるだけかもしれないのだが、少なくとも「これは本物じゃない」と判断しているらしいとのことである。

そして、ごく最近研究結果が発表されたのが、ホンソメワケベラの例だ。この研究ではチンパンジーと同じく、魚の腹に汚れをつけておくと、鏡を見てこれに気づき、腹を石などにこすりつけて落とそうとする行動が観察されている。これはなんとも驚くべきことだが、ちょっと引っかかるところもある。

魚にはしばしばウオジラミなどの寄生虫がつくが、もし、群れのメンバーに寄生虫がついている場合、自分にもついている可能性があるだろう。よって、鏡に写っているのが自分だと思っていなくても、寄生虫を除去する行動が誘発されるかもしれない。いや、もちろんこれは単なる思い付きにすぎず、ただのイチャモンみたいなものだ。今後の研究を楽しみに待ちたい。

動物は様々な方法で外界を認識し、彼らなりのやり方で反応する。その認識が人間と同じだという保証はない。

世界は様々な、人間とは異質な知性で満ちていると言ってもいいだろう。

タコは超ハイスペック

なかでも不思議なのはタコである。タコはあまり利口そうに見えないかもしれないが、極めて興味深い動物だ。まず、彼らは極めて器用に色を変え、皮膚表面のテクスチャーまで変化させて、背景に擬態する。何より不思議なのは、タコの目には色覚がなく、色がわからないという事実だ。

昔テレビで見たタコはダイバーに見つかるとサッと逃げ出しては居場所を変え、砂地だろうが岩場だろうが瞬時にその姿を溶け込ませた。それでもダイバーがしつこくカメラで追うと、突如として何もない水中に泳ぎ上がり、そこで墨を吐いて姿をくらました。

ダイバーが墨をかきわけると、タコはどこにもいない。海藻の切れ端が漂っていくばかりである。カメラはしばらく周囲を探してから、海藻にズームした。そう、それは腕を上下に伸ばして体色を緑褐色に変え、海藻のフリをしているタコだったのである。

それどころか、南太平洋にすむミミックオクトパスは様々な動物に擬態する。揃えた腕にしま模様を作り出し、左右にくねらせてウミヘビに擬態する姿が有名だ。ヤシの実の殻を持ち運んで、必要な時にこれを組み立てて隠れ家にするタコもいる。

ただし、こういう擬態は「考えてやっている」とは限らない。単にいろんなプログラムが入っていて、「この場合はこうしろ」「この場合はこうしろ」「それでも逃げられない場合は最後の手段」などが自動的に発現しているだけかもしれない。

タコの知能で特筆すべきは、むしろ社会学習能力である。瓶の中に餌を入れて水槽に沈めると、タコは瓶に抱きついて開けようとする。ここで、観察している人間が瓶のネジ蓋を開けて見せると、タコはこれを見て開け方を覚え、見せなかった場合よりも早く蓋を開けられるようになる。

人間はこういう「誰かのやり方を見て覚える」という学習が得意なのであまり気にならないが、これができる動物は多くない。

大抵の動物の場合、具体的なやり方はトライアル&エラー、つまり「ああでもない、こうでもない」と自分で試行錯誤して覚えている。せいぜいが「蓋をどうにかするんだな」程度までしか学習できない。

タコの場合、吸盤を備えた器用な触腕を持つせいもあるが、蓋の周りに触腕を吸い付かせてひねって開ける、という方法をすぐに見抜いてしまうのである。これは、タコが社会的な動物とは思えない――大概は1匹で暮らしている――ことを考えると、さらに驚くべきことだ。彼らはその社会学習能力をどこで発揮しているのだろう。

ちなみにタコの腕はそれぞれに神経節があり、ある程度自律的に動く。神経節というのは脳ではないが神経の集中した部分のことで、中枢神経を通さない反射行動などを制御している。「脳まで情報を上げて決済してもらわなくても、ウチですぐできますよ」ということだ。また、タコの触腕の神経節は腕同士の位置情報も相互に受け取っている。「全体としてこうしたい」という大目標を出すのは頭部にある脳だが、それを受けて、腕1本ずつが「じゃあ自分はこうして」「隣の腕がこの位置にいるから自分はこうして」と動きを決定しているらしい、とのこと。**タコは1個体の中でチームプレイをやっているわけだ。**それがどういう感覚なのかは、人間にはどうにもよくわからないが。

オウムやキュウカンチョウの会話力

最後に、鳥の中で賢いものとして、インコ、オウムを挙げよう。

彼らが賢く見えるのは、何と言っても会話能力があるからだ。キュウカンチョウもしゃべるし、カラスも飼育下ではしゃべる。この話をすると「カラスってやっぱり賢いんですねえ」と言われるが、**いや、聞いた音をまねするのは知能とはあまり関係ない。**

さえずりに物まねを混ぜ込む鳥はたくさんいる。南米のマネシツグミはヒヨドリくらいの大きさの、灰褐色の地味な鳥だが、本人の声が長らくわからなかったほど物まねがうまい。「これがマネシツグミの声」とされた声は、ほとんどが他の鳥のまねだったという。コトドリのように人工音までまねる鳥もいる。だが、あれは器用ではあっても賢いとは言わないだろう。物まね芸人がクイズバトルに呼ばれないのと同じである。

だが、ペッパーバーグという研究者が飼育していたアレックスというヨウム（アフリカ産のオウムの一種）は、本当に英語を理解して話していたようである。きちんと意味の通った受け答えができた上、英語の質問に英語で答えることもできた。

恐ろしいことに、リンゴが3つ、バナナが4つある状態で「赤いのはいくつ？」と聞けば「3」、「黄色いのはいくつ？」と聞けば「4」、「果物はいくつ？」と聞けば「7」と答えたという。本当に数字という抽象的な概念を理解しているなら驚異的な認知能力だ。

さらに「リンゴとバナナは別物で、それぞれが赤、黄色という属性を持つが、どちらも果物には違いない」という非常に複雑なカテゴライズも理解していた、ということになる。**つまり、「しゃべること」そのものではなく、「しゃべっている内容がすごい」ということだ。**

サーカスなどの見世物として、算数を解いてみせる動物というのはいた。有名なのは天才馬ハンスで、彼は「ハンス、3＋4は？」などと聞かれると、ひづめで床を7回踏み鳴らすのだった。

だが、ハンスは算数を理解していなかった。それどころか、人間の問いかけも、理解していなかった可能性が高い。彼がやっていたのは、「さあ、いくつかな?」と問いかける声、あるいはジェスチャーをキューとして、床を踏み鳴らすことだ。ポイントは、観客も答えがわかっている、というところにある。

正解が7の場合に足踏みが7回目になると、観客はうなずく、手を叩くなど、無意識に「それが正解」というサインを送ってしまう。ハンスはそれを見て叩くのをやめたのである。これは、ちょっと意地悪な実験で確かめられた。例えば「3＋4は?」という問いを出すが、実はハンスにはこの問いは見えていない。ハンスには観客に見えないように違う問題を出すが、そのことを観客は知らない。つまり、観客はハンスに出された問いの答えとは違う数字を予期している。その場合でも、ハンスは観客に向けられた方の「正解」を出してしまうのだった。

このように、**人間が「賢いと感じる」行動が、実はもっと単純な仕組みで発現している、ということがある。**その辺は注意が必要だ。特に遊びと呼ばれる行動の解釈については、「人間が見ると遊んでいるように見える」という主観が入りがちだ。

最近、ネット上でノガンモドキという鳥がゴルフボールを道路に投げつけてはまた拾っている映像を見た。これは「ボールをバウンドさせて遊ぶ鳥」となっていたのだが、本当は遊びではないように思う。というのも、ボールを床に叩きつけた後、視線はずっと下を向いているのである。どころか、急に上から降ってきたボールに慌てて飛びのいている。バウンドすることを予期していたら、ああいう動きにはならないだろう。

多分、卵か何かを地面に投げつけて割る行動が先にあって、ボールを見てもつい、地面に投げつけてしまっているのだと思う。ところが割れたはずの卵は見当たらず、それどころか上から何かが降ってきて慌てている、というのが真相ではないか。

とはいえ、動物の行動は本当に、思ったよりも複雑な場合があるから油断できない。

動物学者の鈴木俊貴の研究によると、シジュウカラは「ヘビだ！」という警戒声を聞いて、ヘビを思い浮かべることができる。彼らは対ヘビ専用の鳴き声を持っているのだが（捕食者に応じて警戒音を使い分ける動物はしばしばいる）、この声を聞いた後で枝を動かすと、大慌てで逃げるのである。

「ヘビだ！」という声を聞いていなければ、そこまで驚かない。おそらく、対ヘビ警戒声を聞いた時、彼らはちゃんとヘビを思い浮かべ、「ヘビどこ？　どこ？」状態にある。その状態で細長い棒が動くと、とっさに「ヘビ！」となって飛び上がるわけだ。

これは鳥のアタマの中をのぞくことに成功したような、非常に巧妙な実験だと思う。

知能は生き残るための性能の一つ

さて、鏡像認識のところで、ハシブトガラスには鏡像認識ができないようだ、と書いた。反面、ワタリガラスとハシブトガラスで、数の概念を持っている可能性が示されている。印《しるし》が4個あるものを選べ、といった課題が解けるからだ。この実験の解釈は難しいのだが、印の大きさや面積を変えてもやはり識別できたことから、数を判断したのではないかと結論されている。

カレドニアガラスは道具を使うし、計画性もある。「パイプの中に餌があるが、こっちからでは取れないから、反対側から押して穴に落としてこっちから取り出そう」なんてこともすぐ読み取るのだ。ワタリガラスは将来の利益のために目先の利益を我慢することさえできる。

一方で、自他の区別がちゃんとついているかどうかは怪しい。「自分から見えないから、相手も自分が見えないはずだ」という振る舞いをしばしば見せるからである。このように、動物の知能の発達パターンは人間からするとチグハグで、バランスが悪いように思えることがある。

だが、考えてみたら、それは当たり前のことだ。**知能というのは、生き残るための性能の一つにすぎないのである。だから、動物の知能は、その動物が必要とするものになっているはずだ。**例えば、社会を作らない動物には社会的知能はいらない。だが、獲物の動きを読んで先回りする能力はいるかもしれない。

こういう一匹狼みたいな知能は、「人間でいうと何歳児並み」といった言い方ができないだろう。**先読みは大人並み、社会性ゼロ、道具使用はそもそも手がないのでできません、なんて動物相手に、「何歳くらいの知能」という言い方は通用しないのである。**そういう意味で、動物の認知能力を安易に「何歳児並み」と言ってしまうのは間違いだ。マスコミはそういうシンプルなフレーズが大好きなようだが。

人間の知能だって、決してスタンダードでバランスが取れているわけではない。実は、結構なバイアスがかかっている。

例えば、「4枚カード問題」と呼ばれるものがある。片面にアルファベット、片面に数字が書かれたカードを用意する。ここに「A」、「K」、「4」、「7」の4枚のカードがあるとしよう。さて、「実はカードに書かれたアルファベットと数字にはルールがある。片面が母音なら、その裏側は偶数でなくてはならない」と言われた場合、ルールが正しいことを確かめるには、最低限、どのカードをめくらなければならないか？

正解は「A」と「7」だ。

「母音の裏が偶数である」こと、およびその対偶である「奇数の裏は子音である」ことを確かめればいい。ところが、多くの場合、人間は「4」の裏が母音であることも確かめたがる。問いをよく見ると「偶数の裏が母音」とは言っていないので、「4」の裏を確かめる必要はない。**だが、人間は「お、やっぱり正解」という例を集めたがるのだ。**おそらく、「あるルールが適応されているっていうけど、ほんと？　ちゃんとルール守られてるの？」という点を、何度も確かめたくなるのだろう。**正解が増えるほど、この世の確実さが増す、とでもいうように。**だから、母音の裏は偶数かを確かめたあと、「偶数の裏は母音だよね」という一対一対応を確かめたがる。

また、進化心理学者のコスミデスによると、人間は裏切り者の顔を覚えるのが早い。さらに、論理学的には犯人が特定できない場合でも、「あいつは裏切りものっぽい」という証拠があると、とっさに「あいつが犯人」と決定しがちである。

これについては、人間の認知が論理学的な正しさを追求するようにではなく、集団内で不利益をかぶらないために進化したせいだろう、という説がある。

集団を作ることにはコストと利益がある。町内会に参加していると夏祭りに出られるが、町内会費を払わなくてはいけない、といった例を考えてほしい。この時、人間の知能は「会費を払っていないのに、祭りだけ楽しんでいる裏切り者を探せ」という方向に働くのである。

知能というのが何やら世知辛いものに思えてきたが、**そもそも、生き残って子孫を残せさえすれば、知能なんて別にいらない、とも言えるのだ。**

例えば、すごい力と爪と牙を持った動物がいたとしよう。この動物は道具を使う必要があるだろうか？　多分ない。道具なんか使わなくても、自分の体だけでなんでもできてしまうからだ。

もちろん、道具を使うことで、汎用《はんよう》性は飛躍的に高まるだろう。鳥の嘴は餌ごとに特殊化しているが、人間は道具を持ち換えればどんな作業もこなせる。自分の体を進化させるよりも早く的確に、環境に適応することもできる。だが、それすらも、子孫を残すための一手段にすぎない。

単に「草原に適応したサルとして生き延びる」だけなら、別にサバンナヒヒだってよかったのである。あるいは、2億年ちかく地球の海を支配し、海中の物質生産の基礎となり、2万種とも10万種ともいわれる珪藻はどうだろう。彼らは生物としては問題なく大繁栄しているが、おそらく、測れるような知能は持っていない。陸上では昆虫が最も栄えていると言っていいが、彼らだってさして知能が高いわけではない。

こうして見てくると、**動物に自分たちの知能の基準を当てはめ、「人間のレベルには達していないな」と安心するのも、あるいは「知能があるから人間は偉い」と思い込むのも、単なる人間の独りよがりであり、人間の知能のバイアスなのではないか、と思うことさえある。**

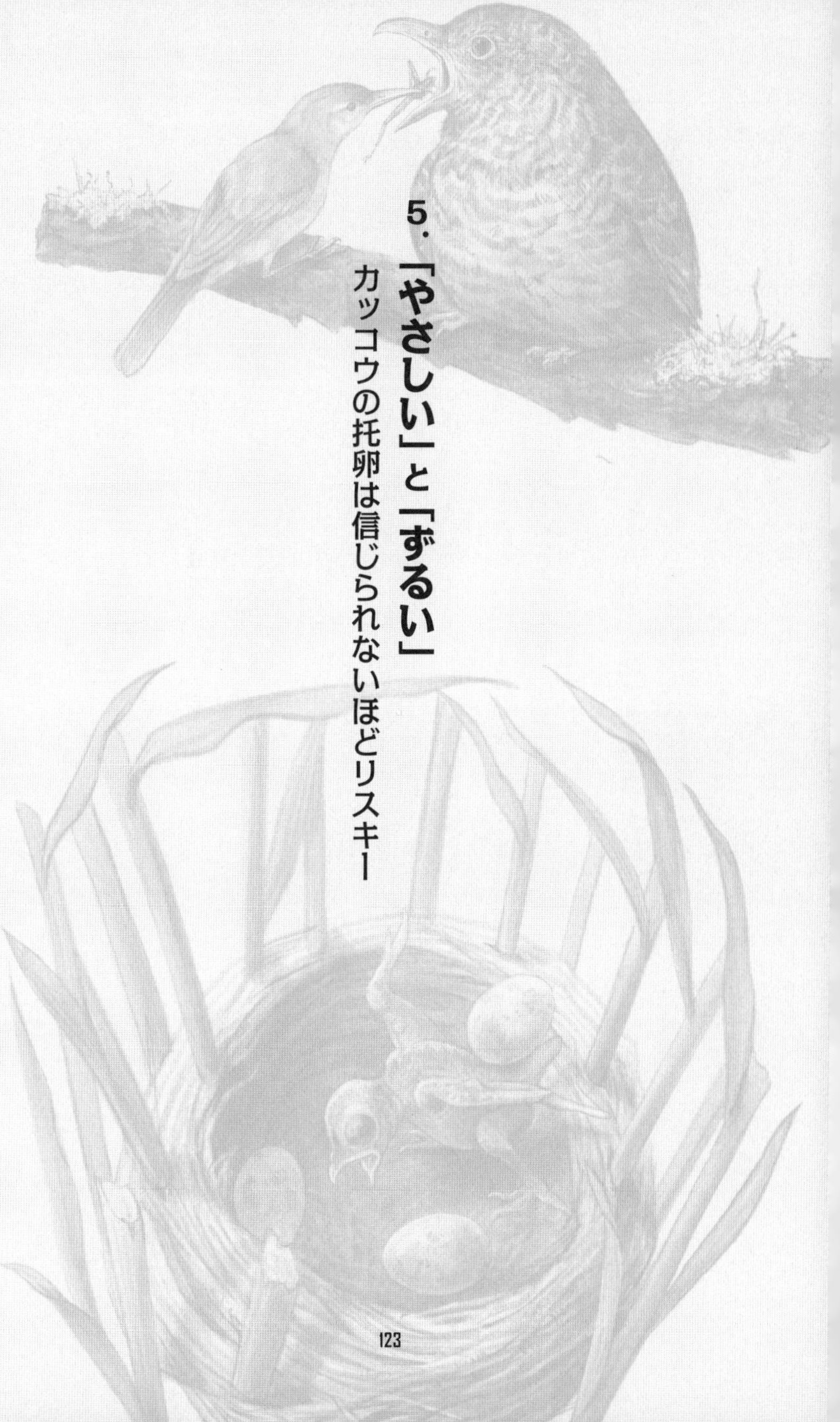

5. 「やさしい」と「ずるい」

カッコウの托卵は信じられないほどリスキー

利他的行動は、無駄である

「交際するならどんな人がいいですか」と質問すれば、「やさしい人」という答えはごく普通に返ってくるだろう。人間はやさしさを重視する。

では、動物はやさしいだろうか？

やさしいとされる動物はいろいろある。例えば、カモなんかはいかにもおっとりしてやさしそうである。猛禽と違って他の動物を襲って食べそうにもない。あ、まれに誤解されているが、カモ類は基本、草食である。なかには貝のような底生動物や、魚を食べているものもあるが、その辺をのんびり泳いでいるマガモやカルガモ、いわゆる「アヒルさん」みたいなのは草食が基本だ。まあ、虫くらいは食べるが。

ゾウも、やさしい感じがする。確かに知能の高い動物で、人間を背中に乗せてくれたりする印象もあるから、「大きくてやさしい」動物の代表みたいに見えるだろう。スズメやツバメもやさしいに違いない。だって、あんなに大事に子育てするじゃないか。そうそう、気はやさしくて力持ちといえばゴリラもいた。

……ホンマか？

ここで言う「やさしい」は誰に対してのやさしさなのか、まず、そこから見ていこう。

さて、まず人間の「やさしさ」の話。

人間はしばしば、他人に対して親切に振る舞う。困っている人を見れば手助けし、場合によっては飯を食わせてやったり、交通費を出してやったりもする。私の後輩は大学生の時、屋久島に向かう途中の鹿児島市内で地元のおっちゃんに泊めてもらったという。私自身も、鹿児島港で出会ったおっちゃんに釣り餌をもらい、それでアジを釣ったことがある。カウンターバーでも興に乗った客が一杯おごったり、おごられたりということはよくある。

こういった、自分が損をしてでも他人を利する行為、つまり**「利他的行動」**にはなんの意味があるのか？

生物学的に言えば、それだけではなんの意味もない。というか無駄だ。多くの動物は、むやみに攻撃的に振る舞いはしないが、だからって「ぼくの顔をお食べ」みたいなやさしさも発揮しない。**基本、無干渉なのである。**

考えてみればこれは当然のことで、赤の他人に親切にしたところで、自分の労力が増えるばかりで何も見返りがない。それだけでも、明確に損である。

そうやって誰にでも「やさしく」していると、調子に乗った連中に食い物にされ、自分はろくに餌も取れずに除け者にされ、やがて弱って死んでゆく。本人がそれで満足ならばいいだろうが、仮に、そういう「お人よし形質」が遺伝的なものだとしても、残念ながらこの形質は次世代に残りにくい。食うや食わずで他人のために働いていては、子どもを残すのが難しそうだからである。

一方、徹底して自分のことしか考えない、利己的な奴はどうだろう。

他人にどう思われようが屁でもなく、ひたすら楽をして、たくさん食べて、自分の長生きと子孫の繁栄だけを願う個体。こういう奴は、結果として子孫をたくさん残せる。「憎まれっ子世にはばかる」とはこういうことか。

ということで、**進化的に考えれば、基本的に、動物は他人にやさしくなれないのである。**

では、人間は例外なのか?というと、そうでもない。集団性の動物の場合、これまたややこしいジレンマがあるからだ。

集団を作るのは、単独で生きるより集団のほうが楽だからである。例えば外敵に対する防衛力を上げるとか、効率よく餌を見つけるとか、そういう点だ。

この場合、集団のメンバーが死んでしまっては困る。となると、「こいつを助けることで自分にそれ以上の見返りが期待できるなら、助けてもいい」という計算が成り立つ。あるいは、「今日親切にしておけば、そのうちこいつが俺に親切にしてくれるだろう」という計算もできる。ひょっとしたら親切にしてもらうばかりでちっとも借りを返してくれないかもしれないが、そういうヒドい奴だとわかったら、もう縁を切ればいいのだ。

こういう恩返しを**「互恵的な利他行動」**と呼び、いくつも例がある。例えばチスイコウモリにも見られる。

チスイコウモリというとなんだかもう恐ろしいものの代表のように思うかもしれないが、吸血できずに空腹なままでいる仲間に、口移しで血を分けてやる親切さを発揮する。もちろん、しょっちゅうやるわけではないのだが、お互いに毛づくろいをするなど、仲の良い相手に分け与えることが多いという。仲の良い相手というのは、頻繁に顔をあわせる個体と言い換えることもできて、そういう間柄なら見返りが期待しやすいわけだ。

ちなみに1000種近くいるコウモリのうち、吸血性のものはほんの数種で、人間を含めた哺乳類まで狙うのはナミチスイコウモリ1種だけだ。ついでに言えば、**吸血されたからって、ドラキュラ映画みたいに犠牲者が干からびて死んでしまったりはしない**。

チスイコウモリは鋭利な歯で皮膚に傷をつけ、そこから流れる血をなめているだけで、やっているとはヤマビルなんかと同じだ。ただ、狂犬病を媒介することがあるので、噛まれない方がいいのは確かである。

その親切心、誰のためですか?

親切といえば、ワタリガラスも非常に親切な鳥である。彼らは一人で食べきれないような餌を見つけると、大声で鳴き叫び、仲間を呼び集める。一人で食べればいいものを、わざわざ、みんなでシェアしようとするのである。

ところが、この行動はどうやら親切ではない、ということがわかっている。餌が少ないとシェアしないで自分だけで食べてしまうのだ。

また、ワタリガラスは密度が低く、移動性が大きい。縄張りを持たずに広い範囲をうろついている若い個体同士の場合、次に出合うのがいつになるかわからない。となると、恩返しの機会がない。餌をシェアしてやった相手に何年もたってからたまたま出合い、しかもその時に自分が腹ぺこで、おまけに相手は都合よくご馳走の前に居座っていた、なんてことが、そうそうあるとは思えない。

つまり、彼らはおごったりおごられたりするチャンスがあまりにも少ないので、誰にでも大盤振る舞いすることは、自分の有利にならないだろうと考えられた。

では、なぜ？

研究者が観察していると、ワタリガラスは餌が多くても、仲間を呼ぶ時と、呼ばない時があるとわかった。仲間を呼ばない時は1羽か2羽だ。一方、仲間を呼ぶと10羽、時には何十羽もやって来る。

タネ明かしをすると、仲間を呼ぶ奴は縄張りを持っていない若い個体で、仲間を呼ばない1羽か2羽というのは、そこに縄張りを持っているペアなのである。縄張り持ちは経験豊富で強いから、若い奴が来ると追い出してしまう。**そこで若造は仲間を呼び集め、集団で殴り込むことで、追い払いたくても追い払えない状況を作り出す**。

当然、みんなで食べれば自分の取り分は減るが、意地悪な縄張り個体に追い散らされていたら一口も食えないのだ。少しでも食べられる方がマシである。

これが、この行動を研究したバーンド・ハインリッチの結論だった（この人は生態学者というべきか行動学者というべきかナチュラリストというべきか、いろんな研究をしている）。つまり、**これはワタリガラスがやさしくて協力的な鳥だからではなく、攻撃的で強欲な鳥だからこそ発達した行動だったわけである**。

「情けは人の為ならず」ということわざがある。

これは「他人に情けをかければ回り回って自分のところに返って来て、結局は自分の為になるのだ」という意味だが（決して「やさしさは人のためにならない」という意味ではない）、動物の「やさしさ」は、だいたいこのパターンである。

ただし、ごく最近発表されたいくつかの論文によると、動物に本当の「お人よしな」優しさがあるかもしれないことが示された。まずはヨウム（オウムの一種）だ。まず、ヨウムを入れた鳥かごを隣り合わせに置く。このヨウムはトークン（代用硬貨）を入れると餌が出てくることを学習している。もし1羽の前に「自販機」がない場合でも、ヨウムは隣の相手にトークンを渡して餌を出してもらい、それを分けてもらうという行動を見せる。

それどころか、自分には餌が渡されない状況であっても、隣人が空腹な場合はトークンを渡す。これはまさに、「自分はいいからこれで何か食べな」という、チャリティーみたいなものである。

別の論文ではハツカネズミの「やさしさ」を研究している。

あるネズミがボタンを押すとご馳走が出てくる。だが、同時に隣のケージのハツカネズミに不快なショックが与えられ、悲鳴をあげる。他人のことなどどうでもいいなら、悲鳴を無視して好きなだけ餌を食べるべきだ。だが、ネズミは餌を控えるのである。どうやら同種の隣人が悲鳴をあげるのは、餌よりも重要なことらしいのだ。

これらの研究はいろんな解釈ができる。意地悪く解釈すれば、ヨウムは「今はお返ししてくれなくてもいいけど、これだけ親切にしてやったんだから、今度どうするかわかってるよね？」と考えているのかもしれない。ネズミにしても、「悲鳴を聞くのはイヤだよ、飯がまずい」という利己的な理由でそうしたのかもしれない。

だが、人の「やさしさ」に繋がるかもしれない行動が、他の動物にもあることは示唆しているように思う。

「攻撃的でない」というやさしさ

とはいえ、ゴリラはチンパンジーに比べれば「やさしい」気がする。彼らはあまり大騒ぎしないし、喧嘩も滅多にしない。あれに比べると、オス集団がなだれ込んできて地面を叩いたり枝を振り回したりしながら大声を上げ、メスにアピールするチンパンジーは、なんというかこう、非常にチンピラくさく見える。

実際、ゴリラでは喧嘩になりそうな時に順位の高いオスが仲裁に入り、じっと目をのぞき込みながら、リップ・スマッキングという、突き出した唇を開閉する不思議な行動を行う（文字だけではわかりにくいと思うが、「むむむむむむむ……」と声を出さずに口だけ動かす、と言えばわかるだろうか）。

これが相手をなだめる行動である。ゴリラは集団内で争いごとが起こるのを事前に防いでいるように見えるし、集団間の関係もそれほど敵対的ではない（時には群れ間の闘争もあるようだが）。

対して、チンパンジーは隣の集団と非常に仲が悪いことがままあり、時には相手の行動圏に潜入して後をつけ、隙を見て1頭ずつ襲うなんてことまでやる。この辺は非常に知能的かつ攻撃的、というか犯罪的である。

これに比べれば、ゴリラがだいぶ平和な生き物だ、というのはおそらく正しい。敵を威嚇する時にドラミングといって自分の胸を叩くことはあるし、猛然と突っかかってくることもあるそうだが、では

ゴリラのリップ・スマッキング
「まあまあ、落ち着こうや」

そのまま敵を攻撃するかというと、ほぼそれはない。**巨大な体とものすごい筋肉を持っているのに、攻撃としてその力を振るうことはまずないのである。**

では、同じく「気はやさしくて力持ち」な印象のあるゾウはどうだろう？人間に使役されているのはアジアゾウである。彼らは比較的大人しく、ゾウ使いの言うことをちゃんと聞いてくれる。だが、**乗馬用のウマと同じく、彼らは乗っている人間をちゃんと観察している。**

インドでトラを撮影した友人はゾウに乗ったそうだが、ゾウ使いに「若いゾウは言うことを聞くが、トラが若いゾウを侮って背中に飛び乗って来るかもしれない。年寄りのゾウならトラも恐れるが、お前がゾウにナメられて振り落とされるかもしれない」と言われたらしい。ちなみに落っこちた場合、トラに食われるかゾウに踏まれる可能性がある。

また、交尾期になるとどうしても気が荒くなるのは避けられない。先日もタイで使役されていたゾウが脱走し、たまたま通りかかった観光客を執拗に攻撃して重傷を負わせる事件があった。何か気にくわないことがあったのだろうが、人間ならちょっとした喧嘩で済む程度でも、ゾウの大きさになると非常に危険である。インドでも、野生のゾウが村人を攻撃する例が毎年のようにある。

アフリカゾウになるとさらに攻撃的だ。アフリカでは冗談ではなく、ゾウによる死者が毎年のように出ている。餌を求めて農地にやって来たゾウは、餌を探すためにその辺の雑物を排除しようとする。彼らの体重は5、6トンあり、人間が寝ている小屋を押しつぶすくらいは簡単なことだ。また、国立公園の近くではゾウを傷つけることができないので、村人は体一つでゾウを追い払うしかない。となると、ゾウに反撃されることもでてくる。

数年前に耳にした事件だが、ある小屋で密造酒を作っていたところ、匂いを嗅ぎつけてゾウが村に突入して来たことがあったという（おそらく原材料か、捨てられた酒の絞りかすを食べたことがあったのだろう）。こうなると、**人間を狙うというより、「人間など眼中にない」がゆえに殺されることとさえあるわけだ。**

そういう意味では、ゾウは決して「お友達」ではない。

やさしさと繁殖成功度

動物が他種の子どもを育てている動画が投稿サイトにアップされていることがある。イヌが子ネコを育てていたり、ネコがアヒルを育てていたりするのを見ると確かにほっこりするが、あれは別に、イヌやネコが特にやさしいというわけではない。おそらく、何かの勘違い、もしくは誤作動である。

多くの鳥では、巣の中にいる鳥の雛を、よその子と入れ替えても気づかない。彼らは自分の巣という明確な地理的目標に頼っており、「自分の巣にいるのは自分の子ども」と判断する。なので、そこに他の雛を入れておいても、ほぼ気にしないのだ。

ガンカモ類やペンギンには自分の雛を声で識別している例もあるが、カラスやツバメが気にするのは「自分の巣にいる雛かどうか」と「その雛が大口を開けて餌をねだるかどうか」だけだ。雛の口の中の黄色やオレンジ色は親鳥に対する大きな刺激となっており、目立つ口を開けられると「ここに餌を放り込まなければ」という義務感に駆られるのである。

義務感に駆られる、という書き方をしたが、実際には生得的な行動パターンが発現する、とでもいう方が正しい。2章でも触れた鍵刺激と呼ばれるもので、ある刺激と、その刺激によって引き起こされる行動がセットになっており、刺激されると自動的、反射的に行動してしまう。

例えば、トゲウオのオスは下半分が赤いものに喧嘩を売る。腹が赤いのはライバルのオスだからだ。この反応では「下半分、赤い」だけが重要で、全体の形状が魚に似ていなくても構わない。

鳥が雛に餌を与える行動を研究した例では、最初はまず雛そっくりのモデルを作って餌を与えることを確かめ、次に頭だけのモデル、嘴だけのモデルと簡略化していって、最後は黄色く塗ったマッチ棒を菱形に組み合わせたものを置いておくと、親鳥はその中に餌を入れようとしたそうである。この島では「嘴が黄色」だけが大事だったのだ。

切ない話だが、雛を捕食された親鳥が、巣の近くの池の水面で口をパクパクさせていた金魚に給餌した、という話まである。**だが、これは鳥がやさしいからではなく、大きく開いた口に餌をやらなければならない気分に支配されていたから、というのが真相だ。**いやもちろん、人間が困っている人にやさしくするのも同様に「眉を下げた人の表情を見たら、手助けしなければならない気分に支配されたのだ」と表現するならば、大差ないとも言えるわけだが。

とにかく「適応度」を上げよ！

哺乳類の場合、嗅覚が鋭いので、見かけだけで親を騙す方法は通用しにくい。だが、それでも子育て中の親は「自分の子どもっぽいもの」を受け入れやすくはなっている。この辺の認証の厳しさは、間違った時のダメージによって変化する。

子どもに見えて実は自分の子どもではないものを受け入れたために損をするのと、本当に自分の子どもなのに「これは我が子ではないのではないか」と疑いを持って育児放棄するのと、どっちが進化しやすいか、という問題である。よっぽど頻繁に偽物が紛れ込んでくるのでない限り、子どもを捨ててしまうリスクの方が大きいのは当然だ。だから、子どもを捨てない方に進化する。

これも「受け入れやすいほうが子どもが育つ」、すなわち子孫が繁栄するから、この行動が進化したわけである。

この「子孫がどれだけ残るか」を「繁殖成功度」という。

リプロダクティブ・サクセスの訳語だ。「成功度」というと「成功の具合」かと思ってしまうが、もっと具体的に、「何匹子どもが残ったか」という数字そのもののことである。

この章で何度か「それでは子孫が残らないので進化できない」という趣旨のことを書いた。進化とは、ある形質を持った個体の子孫が多く生き残り、その形質が集団中に広まってゆくことを指す。平たくいえば、「自分の血筋をいっぱい残すこと」が進化である。**これはつまり、「繁殖成功度を低くするような形質は進化できない」ということだ。**進化を左右するのは繁殖成功度なのである。

また、極めて近い概念に**「適応度」**というのがある。「適応」という言葉に惑わされないようにしてほしい。ある環境にうまくマッチした行動や形質を持っていることを「適応している」というが、その適応とは少し違う。適応度は「フィットネス」の訳語だが、「どれくらい、うまいことやってるか」という意味だとでも思っていただければいい。まあ、これは環境に適応している(英語だとアダプテーションとかアダプティブだ)のとよく似た意味合いにはなるのだが、少し方向性が違う。

ここでいう適応度というのは、これまた子孫の数なのだ。環境に適応しているかどうかをどうやって測るかと考えた挙句に、「うん、要するに、結果を出していれば、その結果こそが答えなんだよ!」としてしまったのがフィットネス、適応度である。

というわけで、どんな形質であれ性質であれ、やさしかろうがやさしくなかろうが、賢かろうがバカだろうが、適応度が高ければ生物は生き残り、次世代を残し、進化していく。そして、その適応度とは要するに繁殖成功度、子どもが残ったかどうかだ。

生物は(本人は意図していないだろうが)適応度という魔物の手のひらの上で右往左往している、と言ってもいい。そして、適応度が上がるような行動、形質は自動的に次世代に残る。そうでないものはいずれ消えてしまう可能性が高い。

なので、動物のやることは徹頭徹尾、「いかにして子どもを残すか」に偏っているのだ。

彼らがそう望んだからではない——そういう形質を持ったものは自動的にたくさんの子孫を残し、なんとしても子どもを残そうとする形質もまた、自動的に次世代に受け継がれて残ってきたのである。

他人の子どもはどうでもいいツバメ

前節で、「自分の子孫が残ればいい」が大原則だと書いた。その結果、動物は恐ろしいことをやらかす。

かつて、生物は種を保存するように行動する、と言われてきた。だからこそ仲間同士で殺し合いはしないのだ、と。

いやあ、ふつーに仲間を殺しますが。それも、子どもを殺しますが。

子殺しはライオンやチンパンジーなどが有名だ。ライオンはオス1頭と複数のメスからなる群れ（プライドという）を作るが、別のオスがプライドを乗っ取った場合、既にいる子どもを殺すことがある。子育て中のメスは発情しないからである。子どもを殺せばすぐに発情し、今度は自分の子どもを産んでくれる。

言ってみれば戦国時代だか、海外テレビドラマ『ゲーム・オブ・スローンズ』だかの世界なのだが、これは別に男性優位とか女性蔑視とかではない。見ず知らずの子どもに腹を立てて殺してしまうような危ない形質のオスが、より上手に子孫を残してきたからだ。こう書くとただの性格破綻なDV男だが、自分の子どもにも腹を立てて殺してしまうようでは子孫が残らないので、やはり「他人の子どもは嫌いだ」という程度のより好みはあるのだろう。

もし種を維持したいのなら、誰の子どもでも分け隔てなく育てるべきである。**だが、自分の子どもでなければ殺してしまうということは、ライオンが残したいのは自分の子孫であって、他人の子どもではないということだ。**これが、種の保存という概念が否定される大きな理由である。

さて、ライオンはいかにも「猛獣」だから、こういうことをやると聞いてもそんなに不思議に思わないかもしれない。だが、身近なところで子殺しをやるのはツバメだ。

ツバメは渡り鳥で、春になると日本にやって来る。そして、営巣場所を見つけると巣を作り始める。

ところが、巣の前にツバメが3羽、ないしそれ以上いることがある。仲良くお手伝いしてあげている、なんてことはもちろんない。2羽はペアで、もう1羽は割り込んできたよそ者だ。営巣場所、ないし巣そのものを乗っ取ろうとしているか、メスを奪おうとしているか、である。

このストーカー野郎の攻撃はさらに続くことがあり、ひどい時はペアが産んだ卵や雛を捨ててしまう（営巣場所を狙っている場合、ペアでやる場合もある）。この時に攻撃しているツバメが何かを計算している、というわけではないと思うのだが、結果として、ペアがその巣を使うことを諦めたり、ペアを解消したり、ということはあり得る。そうなれば巣、あるいはメスを分捕れる可能性が出て来るわけだ。

ということで、ツバメの巣の下に卵、あるいは雛が落っこちている場合、まず疑うべきは何らかの事故、次に疑うべきはツバメである。

何でもかんでもカラスのせいにしてはいけない（笑）。

自分の子どもかどうかわかってないカモ

カモのお母さんが子どもたちを連れて行進している姿を見ることがある。カモの雛は生まれて数時間もすると歩けるようになるのだが、生まれた時に見た、大きくて動くもの（種類によっては鳴き声も大事だが）を親だと思い込む。これを「刷り込み」というが、普通に巣の中で生まれた場合、自分の間近にいる大きくて動くものは親鳥なので、特に間違いは起こらない。

人間が人工孵化させた場合は、人間を親だと思い込むこともある。

コンラート・ローレンツという動物行動学者はハイイロガンの雛に親だと思い込まれてしまい、その世話をしながら様々な観察をしたのだが、ガンのお母さんになるのは大変だったそうである。夜中でも数時間おきに目を覚ましてピイピイと鳴くのだが、この時に「ガガガ」という返事がないと、親を求めて大声で鳴き続ける。ローレンツは自室のベッドの脇に雛の寝床を作り、眠ったままでも無意識に「ガガガ」と寝言を言えるようになったという。

ローレンツは他にもマガモの雛を育てていたが、マガモの場合は大きくて動くだけではダメだそうで、鳴きまねしながら歩くと雛は後をついてくる。ただし、立ち上がってしまうと大きすぎて雛が親鳥だと認識しないので、地面にしゃがんだままでないといけない。

ローレンツはこの仕組みがわかった時に嬉しくて、鳴きまねしながら雛を連れて庭を歩き回った。そして、ふと顔を上げると、近所の人たちが塀ごしにあっけに取られて彼を見ていた。後ろを見ると、全てを説明してくれるはずの雛たちは草むらに隠れていて、人々からは見えていなかったという。

それはともかく、カモの雛たちは親鳥の後ろをついて歩く。ところが、子連れの親同士が、ばったり出合ってしまうこともある。彼らは別に縄張りを持っているわけではない(というのも、餌である草は十分にあり、喧嘩してまでその場を独占する意味がないからだ)ので、お互い特に干渉しないで餌を食べ、また別れる。

ところが、この時に雛がちゃんと自分の親について行くかというと、どうもそうとは限らない。ガンカモ類の多くの種で、雛がごちゃ混ぜになってしまうのである(雛がうんと小さい間は、親鳥が鳴き声で我が子を区別し、他の雛を入れない例もある)。

しかも、何かの都合で一方の親にばかり集中してしまうことがあり、そういう時は連れている雛の数が前より増えている。ひどい例としては、カモの一種であるカワアイサが実に76羽もの雛を引き連れていた例さえある（2018年にアメリカのミネソタ州で観察された）。カモ類が一度に産む卵はせいぜい1ダースくらいだから、自分の子ども以外に6家族分くらい引き受けていたのだろう。

これは「自分の子どもさえ残ればいい」という理屈からすると、あまりにお人好しすぎる話だ。とはいえ、子どもが増えすぎると親の負担が増えるとか、自分の子どもへのケアが手薄になるかというと、カモの場合はそうでもない。というのも、カモの子どもたちは餌場に連れていきさえすれば、勝手に餌を食べてくれるからである。

その点が、親が餌を運ばなくてはなら

親ガモの後ろに続く子ガモ
だれかの子どもが混ざってるみたいですよ～

ない鳥とは違う。**いわば放ったらかしの託児所みたいなもので、行き帰りに子ども達をまとめる手間が多少増える程度のことなのだろう。**

だが、それでもちょっと引っかかるところはある。外敵が迫れば親鳥は子どもを守ろうとするし、雛が母親の腹の下に隠れることだってある。だが、何十羽もの雛を隠すのは無理だ。となると、やっぱり他人の子どもを押し付けられるのは損なはずでは？

ここで思い浮かぶのは、同じくむやみにたくさんの卵を産み込まれたダチョウの巣である。ダチョウは地べたに卵を産み、ペアが守っている。メスは10個以上も卵を産むが、どういうわけか、巣にはさらに多く数十個の卵があることも珍しくない。というのは、他のメスがやって来て卵を産んでゆくからである。巣の持ち主は特に怒らない。ただし、よそのメスが卵を産めるのは、巣の外周部分である。中心部は持ち主のものなのだ。

この行動については、捕食者は外側の卵から食べるので、よそ者の卵を防壁として食わせておき、自分の卵は中央に置いて守っているのだ、という説がある。**ならば捨て駒にされる卵を産む方はアホなのか、ということになるが、おそらく、ペアを作れなかったメスがなんとか交尾だけはして、少しでも子孫を残そうとしているのだろうと言われている。**

たとえ食われやすくても1個でも卵が残ればチャンスはあるし、あちこちの巣に卵を産んで回れば、1巣くらいは捕食を免れるかもしれない。

してみると、むやみにたくさんの雛を連れたカモの親も、「まあ、捨て駒がいっぱいいればウチの子は助かるかもしれないし」という恐ろしい理屈で、よその子を引き連れている可能性さえある。

さらに言うと、種内托卵の盛んな種の方が、雛混ぜが多いという意見もある。種内托卵というのは、さっきのダチョウのように、同種の巣に自分の卵を産んでくる、という行動だ。他人に世話を押し付けて自分だけ楽しようという考えにも見えるが、どいつもこいつもこの行動をやる場合、自分の巣にも誰かが卵を産み込んでいるはずなので、かかる手間は結

ダチョウの種内托卵
人事を尽くして
天命を待つ

局一緒である。

種内托卵が常態化しているなら、「自分の巣にいるから自分の血を分けた子ども」ということにはならない。赤の他人の子どもが混じっているのだ。そういう雛を引き連れて歩き、雛混ぜが起こったところで、他人の子どもが別の他人の子どもに入れ替わるだけで、特に違いはない。

それどころか、お隣さんが連れていた雛の1羽か2羽こそが、自分が托卵してきた我が子かもしれないのである！　こうなるともう「自分の子ども」という概念が崩壊し、何がなんだかわからない集団子育て化してしまうのも仕方ないだろう。

ということで、**カモが他人の子どもまで機嫌よく面倒を見るのは、やさしいからというよりズボラだからと言った方が正しいような気さえしてくる。**まあ、こういう大らかさは、それはそれで人間も見習うべきところがあるような気はするが。

なお、親同士の血縁が高い方が雛混ぜが起こりやすいという意見もあり、この場合はまたしても例の適応度のせいである。血縁が高い、つまり親戚同士ならば、自分と同じ遺伝子を持っている可能性があり、血縁者の子育てを手伝うのは間接的に自分の子孫を増やすことになるからだ。

托卵はアーティスティック

さて、さきほど種内托卵について書いた。世界的に見ると、種内で托卵する鳥は少なくない。日本ではコムクドリがやる。

種内托卵は、托卵としてはリスクの少ない方法である。自分と同種なのだから、卵を抱く期間も、巣の作りも、子育ての仕方も、餌も全部一緒だ。これが別種の場合、托卵したところでちゃんと育ててくれるかどうか保証がない。養育期間が極端に違ったり、餌が全く違ったりするとまずいのである。

ちなみにインドで「狼少女」アマラとカマラが見つかったという例はあるが、これはちょっと怪しい話だ。1920年に、インドで孤児院を経営していたシングという牧師が保護したというのだが、四つん這いで走り、しゃべることができなかったことから、オオカミが捨て子を育てたのだと牧師は主張した。だが、以後の研究によると、創作がかなり含まれているのではないか、とのこと。第一、オオカミの母乳の成分や食性は人間とは違うし、さらに成長速度も移動能力も人間とあまりに違いすぎるので、いくらなんでも育てるのは難しいだろう。

托卵はいくつもの分類群で独自に何度も生じ、進化したと考えられている。おそらく、最初は種内托卵だったのだろう。種内托卵の場合、自分も巣を作ってちゃんと卵を産み、子育てする。だが、育てられる雛数を制限するのは、普通、産める卵の数ではなくて雛に与える餌量だ。実際、鳥は育てられる限界よりも1個くらい多めに卵を産むことが多い。ダメもとで、「すっごく運が良ければ全部育つかもよ?」という方に賭けるのである。

なら、他の巣に卵を産んで回ることで、チャンスを増やしたら? これが種内托卵の起源だろう。**また、捕食者が来て卵が全滅する場合の保険として分散させておく、という意味もあるようだ。つまりは分散投資、リスクヘッジである。**

そうやって種内托卵を頻繁に行う鳥の中に、「同種の巣でなくてもいいことにして、もっとあちこちに卵を産む」という戦略のものが出てきたのだろう。これが種間での托卵だ。中南米にすむタイランチョウの仲間は自分で営巣することも、種内托卵することも、種間托卵することもある。おそらく、これが過渡的な状態の托卵だ。

そして、托卵の極致がカッコウ科の鳥たちである。彼らはもはや、自分で巣を作ることも卵を抱くこともない。交尾と産卵から後の繁殖の全て、「卵や雛の世話」の部分を他種の鳥類に委ねてしまったのである。

カッコウは普段は森林にいるが、托卵する時は草原にやって来る。そして、オオヨシキリなど、托卵相手(宿主)を探して飛ぶ。カッコウのメスは周到に宿主を観察しているらしく、ちゃんと宿主が産卵し始めた頃にやってきて、宿主のいない隙を見計らい、産んである卵を1個抜き取ると、代わりに自分の卵を産み込んでゆく。

カッコウは総排せつ口（鳥は糞も尿も卵も出口が同じで、総排せつ口と呼んでいる）が伸びるようになっており、巣の縁に止まった状態で巣の中にちゃんと卵を産み落とせる。というのも、カッコウはハトくらいの大きさがある鳥で、宿主であるオオヨシキリはヒヨドリよりも小さく、全長はカッコウの7割ほどしかないのだ。カッコウがオオヨシキリの巣に座り込むのは難しい。

さて、カッコウの托卵が極めてアーティスティックというか、信じられないほど技巧派なのは、ここからである。

まず、カッコウの卵は体の割に小さい。これは宿主に合わせた結果でもあるし、子育てを丸投げした結果、できるだけ数多くの卵を産みまくるためでもある。そして、卵の色模様は宿主の卵に似せてある。托卵だとバレたら卵を捨てられるか、巣ごと放棄されるから、宿主の卵になりすますのは重要だ。

カッコウの卵は宿主の卵よりほんの少し早く孵化するが、生まれた雛が真っ先にやるのは、後ろ向きに巣の中をヨチヨチと一周し、背中に触るものを全部外に放り出すことである。これは多くの鳥の雛が持っている、糞や卵殻を排除して衛生状態を保つ行動が元になっているようなのだが、カッコウの雛ではこの行動が徹底している。結果として、自分以外の、孵化寸前だった宿主の卵を放り出して皆殺しにし、巣を独り占めする。

それから、本来4、5羽の雛を育て上げられるだけの給餌努力を一身に受けて、親よりも大きく成長する。ところが親鳥は「自分の巣にいる」「黄色い口を開けて餌をねだる」という二つの刺激に操られて、餌を与え続ける。そして巣立ったカッコウはやがて飛び去ってしまうわけだ。

托卵するカッコウはずるいのか？

これは卑怯といえば極めて卑怯な繁殖方法ではある。だが、同時に、寄生虫の生活史を見ているような危うさも感じる。**宿主がどこかの段階で托卵に気づいたら、即座に命を絶たれる危険があるからだ。**

カッコウ科の鳥をはじめ、托卵鳥の卵は宿主によく似たものが多い。宿主の方も托卵を見抜こうとするので、宿主の卵と全く違っていたらすぐバレてしまうからだ。最初は漠然と似ている程度でも十分だったかもしれない。だが、その状況では識別能力の高い、いわば「見る目を持った」宿主だけが托卵を排除でき、ということはそういう鳥の子どもたちばかりが残るので、識別能力が進化する。

同時に、識別を助ける、特徴的な模様のある卵も進化したはずだ。だが、カッコウもこれに追従しなければ絶滅の危険があるので、宿主の卵に似た卵を産むように進化する。かくして卵擬態と識別能力の軍拡競争が繰り広げられる。

また、親鳥はカッコウの姿を覚え、激しく追い出すようになる。この競争の果てに、ついにカッコウは禁断の技を使う。

宿主をヒョイと変えてしまったのである。

例えば、カッコウは長年、オオヨシキリという鳥に托卵してきた。だが、オオヨシキリが用心深くなり、さらにオオヨシキリの生息に適したヨシ原が少なくなってしまった。そうするとカッコウは非常に繁殖しづらくなる。そこで、少し前から長野県あたりでオナガに托卵するようになった、という報告が出始めた。

今や埼玉県の郊外、狭山丘陵に近いとはいえまるっきりの住宅街で、カッコウが鳴いていると聞いた。オナガがいるからである。オナガは最近になって托卵されるようになったばかりだから、まだ対抗策を十分に進化させていない。しばらくはカッコウが勝てるわけである。

カッコウは確かに、自分で子育てを行わない。だが、それ以外の全て、子育てをしないためのお膳立てと努力を徹底して行っている。試験でカンニングするために工夫を凝らすくらいな

ら、その時間で勉強したほうがマシだという笑い話があるが、それと同じようなものだ。

そして、子育てをしないぶん、メスは産卵に専念し、1シーズンに多数の卵を産む。小鳥の卵や雛は捕食されやすいが、カッコウにはそれをどうすることもできない。宿主がちゃんと守ってくれることを祈るだけだ。さらに、卵が偽物だとバレたら巣ごと捨てられる恐れだってある。我が子を託した仮親自体もまた、敵なのである。

そうやって育った雛は、生みの親と出合うことはない。親から学ぶこともない。ただ遺伝子に刻まれたままに南に渡り、次の初夏にはまた日本に渡って来て「カッコー」と鳴く。あるいは托卵相手を探して飛び回る。

その冷徹で精緻な生きざまを、ずるいの一言で片付けるわけにはいかないだろうと思う。

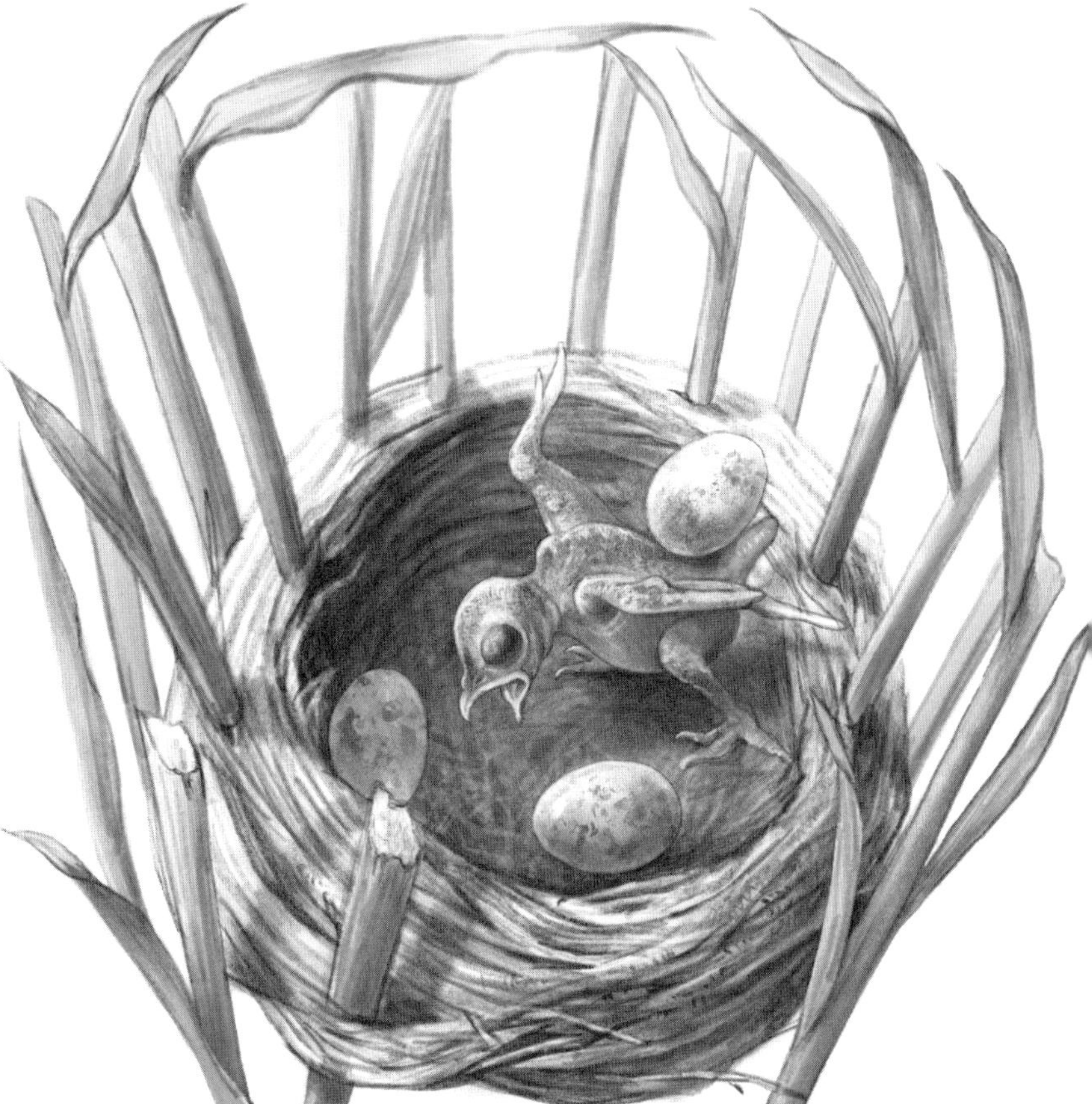

6. 「怠けもの」と「働きもの」

ナマケモノは背中でせっせとコケを育てている

ある意味命がけのナマケモノ生活

動かずにいる、というのは案外難しい。

大学生の時、山極寿一先生のゴリラの講演を聞いた。その時、「ゴリラは無駄に動かない」という話があった。「人間はすぐ髪を触ったり、足を組み替えたり、とにかくせわしなく動く」とも。確かに、その話を聞いている数十秒の間にも、私はうなずいたり、首をかしげたり、髪を触ったりしていた。どうも人間はいちいち身動きをして、自己アピールとまではいかないまでも、自分の態度や心理状態を相手に伝えずにはいられないようだ。

その点、ネコなんて動かない時は本当に微動だにしない。イヌはまだしも、顔を上げたり尻尾を動かしたり、多少は周囲に情報を伝えようとするが、それはおそらく、イヌが社会性の動物だからだ。ネコの先祖はアビシニアヤマネコで単独生活だから、「自分は今機嫌がいい」とか「お前の話をちゃんと聞いている」とかを相手に伝える必要は、一切ない。

もっともそれを言うなら、ゴリラはれっきとした社会性の、集団を作る動物なので、「ゴリラはそれでも伝えられるくらい、かすかな信号のやり取りで済ませているのだ」ということか。

このように、**動くか動かないかはその動物の生活史すなわち「生き方」にも依存する**。そして、世の中には、もう全く動かない動物というのもいる。

筆頭はナマケモノだろう。

ナマケモノはとにかく、動かない。**あまりにも動かないので動物だと思われない、という驚異的な戦略で生き延びている**。しかも樹上にいるので、多くの動物はナマケモノに近づくことさえできない。もっとも、100万年くらい前は地上で生活する巨大ナマケモノなんてものもいたらしいが、どうやって生きていたのだろう?

ついでに言うと、彼らは歩くより泳ぐほうがよっぽど速い。南米の密林は雨季になると冠水することがあるが、隣の木に移動する時、彼らは手足を横に広げて上手に泳ぐ。

ナマケモノには、ミツユビナマケモノとフタユビナマケモノがいる。このうち、ミツユビナマケモノは「不動」を極めたような生物だ。彼らはあまりに動かないので、体毛にコケが生え、体が緑色がかった保護色となる。さらに、木の葉以外にも、そのコケを自分で食べる。体毛には溝があり、コケが生えやすい構造になっている。

それどころか、このコケに好んですみ着くガがいる。ナマケモノは週に1回程度、排せつのために地上付近に降りていくが、このガはナマケモノの糞に産卵し、幼虫はそこで大きくなる。そして羽化すると、空を飛んでナマケモノの体に移動する。ガはナマケモノの体に止まったまま糞をしたりするのだが、これがコケの栄養になり、ナマケモノを助けるのである。

なんだかもう頭がクラクラするような、「動かないこと」を前提にした共生関係だ。フタユビナマケモノの方は草食とはいえ、もう少しいろんなものを食べるので、自分の背中でコケを栽培して食べるなどという無茶をしなくてもいいらしい。

あんなに動かなくてちゃんと餌を食えるのかとも思うが、動かないということはエネルギー消費も少ないのだ。とはいえ、彼らは内温性（いわゆる恒温動物）なので、自分で体温を作る必要がある。

例えば人間なら、「動く」ために使うエネルギーは摂取カロリーの1／3程度なので、動かないからといって餌がいらないわけではない。ギリギリまで消費を減らした上で、熱帯で気温が高いこと、手の届く範囲に年中、餌となる葉っぱがあることなど、かなりアクロバティックな条件をクリアしないと、生きていくのは難しいだろう。

じっと待つか、動いて探すか

動かないといえば、アオサギやゴイサギもそうだ。

サギ類は歩き回って餌を探す場合と、じっと動かずに餌が近くを通るのを待つ場合がある。どちらが多いかは種によって違い、コサギは歩き回るほうが多い。彼らは独特のテクニックを持っていて、黄色い足先を水中で震わせたり、水底をトントンと踏んだりして獲物を追い出して捕食する。つまり、自分から探し回って獲物を狩り出すタイプの行動をとることが多いのだ。アマサギやチュウサギも草原を歩きながら昆虫を探していることが多い。

一方、アオサギとゴイサギは、徹底して「待ち伏せ型」である。

アオサギは灰色で首の長い、大型のサギである。ゴイサギは薄い灰色に背中が黒（正確には青みがかった暗灰色《あんかい》だが）で、サギとしてはあまり首が長くない。首を縮めているとほとんど首がないようにさえ見える。ただし、伸ばせばそれなりの長さはある。

彼らは餌を探して歩くことがないわけではないが、水辺で微動だにせず立っていることのほうが多い。アオサギは獲物が近づいてくるとそっと首を伸ばして確認し、それからS字に曲げて、頭を「発射」する態勢になる。射程距離に入らなかった場合は、またそろそろと姿勢を戻して、また待つ。

それがどれくらいの絶対静止かというと、京都の円山公園の池の岩の上に止まっていたアオサギが飛び立った瞬間、観光客がザワついたくらいだ。置物だと思われていたのである。

長時間、動かずにいることもある。同じく京都の鴨川で、全く別の観察をしていた時、「キョアッ」という声とともに、1羽のアオサギが飛んで来た。そして川べりに舞い降りると、数歩移動して立ち位置を決め、そのまま待ち受けモードに入った。

私たちはアオサギのことを忘れてユリカモメを観察をしていたのだが、視野に入るたびに、同じ場所に、同じ姿勢でア

アオサギ
どうやったらそんなに
動かないでいられるのか

オサギがいるのは見えた。それから1時間後、アオサギは突然また「キョアッ」と鳴くと、飛び去ってしまった。逐一見ていたわけではないが、おそらく、その間何もしていなかったと思う。

サギ類の「じっと待つ」と「動いて探す」の対比は、釣りや狩猟をやる人には理解しやすいと思う。**よさそうな場所を選び、ひたすら同じポイントでチャンスを待つのも、動き回ってこまめにチャンスを作り出すのも、どちらも有効なのである。**

もちろん、どちらも一長一短はある。ダメなポイントに居座ってしまったら1日待っていても無駄だし、むやみに動き回って獲物を追い散らしてしまっても意味がない。どんな獲物をどうやって狙うかにも依存する。小さな獲物を次々に食べるなら動き回った方がいいかもしれないし、大物1匹でいいならじっと待っている方がいい、ということもあるだろう。

実際、アオサギの口は非常に大きいので、かなり大物でも飲み込むことができる。20センチ以上ありそうなヘラブナ（体長のわりに高さがあるので、よけいに飲み込みにくい相手のはずだ）を一気飲みしているのも見たことがある。

それどころか、あぜ道に佇んでいるアオサギはネズミが穴から出てくるのをじっと待っているのだそうである。彼らはネズミどころか、小鳥でさえ、もし食える状況なら飲み込んでしまう。ウサギを飲み込もうとしている写真もネットで見たことがある（とはいえ、ネット上の映像はフェイクということもあるので要注意だが)。

つまり、**アオサギの「ひたすらじっとしている能力」というのも、口の大きさなどと同じく、採餌戦略を支える機能の一つなわけだ。**

ところで、「動かない鳥」として有名なのはハシビロコウだが、彼らも待ち伏せ型の捕食者である。ただ、アフリカで見てきた友人によると、「結構動いてるよ?」とのことで、微動だにしないのは動物園だから、らしい。餌は定期的にもらえるし、飼育員さんが来るまで餌はありっこないのだから、動いても無意味なのだ。

彼らはアフリカの水辺でハイギョを待ち伏せており、濁った水の中でハイギョが動く、あるいは呼吸に上がってくるのを待っている。そして、居場所をつかんだ瞬間、あの巨大な嘴で一気にくわえ上げるのである。

猛禽類が動くのは空を飛ぶ時くらい!?

意外かもしれないが、やはり何もしないのが猛禽類である。

猛禽を見つける場合の多くは、彼らが空を飛んでいる時だ。猛禽はあまり人の近くを飛ばないが、空中を飛んでいるところを見上げれば、遠くからでも黒い点となって見える。だが、彼らは1日じゅう飛んでいるわけではない。枝に止まっている時間も長いのだ。そして、その間、ものの見事に動かない。

彼らが空を飛んでいるのは移動中、もしくは餌を探しているパトロール中だ。枝に止まっている時は休憩しているか、止まったまま餌を待っている状態である。

猛禽は翼を広げたまま滑空できるので、羽ばたき飛行ほどは体力を使わないはずだ。その一方、猛禽の狩りは成功率が低い。野外でどれくらい餌を採っているかを確認するのは難しいのだが、彼らがしばしば貯食《ちょしょく》を行うことを考えれば、毎日餌が手に入るとさえ限らないように思える。

また、猛禽は一般に空腹に強い。鳥は恐ろしく基礎代謝が高いため、ものすごいスピードでエネルギーを消費する。よってひっきりなしに食べていないと死んでしまうのだが、猛禽は比較的、食いだめが効くようだ。

昔、野外調査のアルバイトに行った時のことだ。調査会社の社員さんに、止まっている猛禽を見つけるのが得意という人がいた。コツを聞くと、周囲の空を見渡した後、ついでに山肌もざっと見渡して、白い点を探すのだという。ひょっとするとオオタカか何かが枝に止まって、こちらに白い腹を向けているかもしれないからだ。

なるほどと思ってやってみたが、白いのは大概は葉っぱの反射か、枝越しに後ろの空が透けているだけだった。ただ、一度だけ、本当にオオタカだったことがある。

このオオタカはいつからそこにいたのかわからないが、左を向いて枝に止まったまま、彫刻のようにじっとしていた。15分も望遠鏡でじっと見ていると、こちらの肩が凝ってくる。20分たっても動かない。そして、やっとオオタカが動いた！　くるりと首を巡らせ、右を向いたのである。それから10分、またオオタカは動かなかった。一瞬翼を広げたかと思ったが、風が吹いて羽毛が逆立っただけのことだった。

もういい加減飽きてきたころ、オオタカはなんの前触れもなく、スッと枝を蹴り、翼を広げた。驚いたことに、こっちに向かって高速で滑空して来る。そして、私の座っていた池の土手上空まで来ると、高度5メートルほどのところで半横転し、翼を畳んで、水面に群れていたコガモに向かって突っ込んだ。

瞬時に水しぶきを跳ね上げながら逃げ惑うカモたち。オオタカは最初のアタックに失敗して上昇し、もう一度、二度、と水面をかすめたが、ダメだった。カモたちはあっという間に、水面から突き出した枯れ草の間に逃げ込んでしまった。オオタカはパタ、パタと羽ばたいて上昇すると、尾根を超えて飛び去った。

猛禽の「狩り」の時間感覚は、こんなものである。待ち時間がひたすら長く、実際のアクションはほんの数十秒なのだ。まあ、人間のやる魚釣りだってそんなものである。

となると、彼らは狩りに必要な場合以外は、省エネに徹するほうがいい。その証拠に、動物園の猛禽は、これまた彫刻のように動かずにいるはずだ。たとえ狭くてもウロウロと歩き回るクマやオオカミとは違う。第一、じっとしていなければ獲物に所在がバレてしまい、捕食もうまくいかない。

ハチドリは死んだように寝る

「動くと腹が減るなら、動くのをやめよう」を徹底しているのは爬虫類や両生類だ。彼らは外温性、つまり体温を外部に依存しているので、体温を上げるためのエネルギーがいらない。ということは、動かなければ（そして成長や繁殖に栄養を使わなければ）恐ろしいほど少食で済む。

飼育下のヘビはなかなか与えられた餌を食べないことがあるが、11カ月絶食していたという話まで聞いたことがある。これはさすがに特殊な例だろうが、数カ月食べないくらいは珍しくないようだ。また、彼らは基本的に待ち伏せ型で、むやみにうろつきまわったりはしない。

ただ、餌がそこにあるとわかっていれば別だ。わざわざ川を泳ぎ渡ってまで、真夏の炎天下の砂州をうろついているアオダイショウを見たことがあるが、あれは砂州に行けばチドリの巣がたくさんあると知っていたからだろう（ヘビはちゃんと餌の多い場所や時期を記憶している）。餌があると確信していなければ、無駄な努力はしない。

そういう意味で、活動に適していない時期を冬眠してやり過ごす両生類や爬虫類は、非常に合理的ともいえる。冬は昆虫やカエルが活動しなくなるから、ヘビにとっては食べるものがない。おまけに、本人も体温が下がって動けない。

そんな状態で表に出ていても動くことができず、仮に餌が目の前にあってもアタックする力が出ない。よしんば食べることができても、今度は消化できない。消化にだってエネルギーを使うし、消化酵素や筋肉を働かせるには体温を上げる必要があるのだ。逆に、哺乳類や鳥類のような寒くても動ける敵に出合ったら、何もできないまま食われてしまう。

人間は「逆境でも頑張らねば！」「ここで努力するのが力の見せ所！」という信念を持ちがちだが、手も足も出ない状況ならさっさと諦めて、春が来るのを寝て待てばいい、というのが、外温性の動物たちである。

一方、内温性で極めて活発であるがゆえに、1日じゅう餌を食っていても足りないという動物もいる。ハチドリだ。

ハチドリは極めて小さな鳥で、体重は10グラムもないのが普通。最も小さなマメハチドリの体重は3グラムほどである。1円玉1枚がちょうど1グラムだが、1円玉3枚といったら、ほぼ重さを感じないレベルだ。もう少し大きなノドアカハチドリなんかでも、5グラム程度である。

一方、彼らはエネルギー消費が極めて大きい。その理由は、体が極端に小さいことと密接に関係している。

体の大きな動物は、体積に対する相対的な表面積が小さい。体積は体長の三乗に比例して増えるが、面積は二乗にしかならないからだ。体長を2倍にすると、体積は8倍になるのに面積は4倍にしかならない。つまり、熱を逃がすのに必要な表面積が、熱量ほどには増えない、ということである。

風呂の湯がなかなか冷めないのと同じ理屈で、大きな動物は熱が逃げにくい。そのため、同種、あるいは同属でも寒冷地にいる個体は体が大きくなる傾向がある。

逆にいえば、ハチドリのような極小の動物はジャンジャン熱が逃げる、ということだ。逃げてゆく熱を補うために食物をどんどん消化し、熱に変えなければならない。となると、なるべく消化のいい餌を、ひっきりなしに食べる必要がある。

そこでハチドリは、花蜜を食べることにした。とはいえ、軽いといっても昆虫に比べれば重い体で花に止まるのは難しい。そこで、花に止まらずにホバリングしたまま空中に停止し、嘴

ホバリング中のハチドリ
食べ続けなければ、すなわち死ぬ

だけを差し込んで吸蜜する、という道を選んだ。これは悪くない方法なのだが、一つ問題がある。餌を食べている間さえ、毎秒数十回というものすごい速度で羽ばたかなくてはいけない。

といって、熱の放散を抑えるために体を大きくすると、今度は大きな体を支えるために大量の餌が必要になり(効率はよくなるが、絶対量としては増えてしまう)、しかも嘴を突っ込めるほど大きな花が少なくなり、かつホバリングのためのエネルギー消費も大きくなる。といって、エネルギー消費を減らすためにホバリングをやめたら餌が採れない。

体熱を補うために食べ続け、食べ続

けるために羽ばたき続け、羽ばたき分の栄養も補給するためにもっと食べなくてはならず……自転車操業の見本みたいな生き方である。いや、実態はもっとひどい。ハチドリは仮に1日じゅう食べ続けていても、気温や餌条件によっては餌が足りないと考えられている。

ここで、ハチドリは裏技を使った。夜間、休眠する間は体温をうんと下げ、代謝率を低く抑えて、消費エネルギーを削減したのである。つまり、**彼らは鳥のくせに、毎晩冬眠しているのだ。**

北米のプアーウィルヨタカという鳥は、温度や餌条件が悪化すると休眠（夏眠）することが知られている。南極で繁殖するコウテイペンギンも、立ちっぱなしで卵を温めている間は代謝を下げ、数カ月におよぶ絶食に耐える（抱卵期間は2カ月ほどだが、繁殖地へ移動を始めたら絶食なので、それを含めるともっと長い）。だから、代謝を下げて省エネする鳥がいないわけではない。

だが、毎日のようにこまめに休眠して省エネに努めるという、綱渡りのような方法で収支を合わせているのは、ハチドリくらいしか思い当たらない。**彼らは地獄のように忙しい日中と、完全休止状態の夜という、両極端な世界を生きているわけだ。**

これに対して、常に動き回っている鳥もいる。

鳥が早食いの理由

一般に鳥はこまめに餌を食べ続ける。彼らは空を飛ぶせいで消費エネルギーが極端に大きいうえ、体が小さいので熱が逃げやすい。しかも、空を飛ぶために体重に制約があり、むやみに食いだめすることもできない。フードファイターは一度に何キロも食べたりするそうだが、鳥がうっかりそういうことをやると、飛ぶのが大変になる。サギや猛禽のように「一気に食べてしばらく絶食」をやる鳥のほうが、むしろ普通ではないかもしれない。

ヒタキのような小鳥を見ていると、同じ枝に止まっている時間さえ、せいぜい数分。その間も向きを変えたり、鳴いたりしている。枝先にやって来るエナガなど、秒単位で位置を変え、姿勢を変えるので、写真を撮るのも苦労するほどだ。停止している時間がとにかく短い。そうやって、片時も止まらずに餌を採り続けている。

鳥に葉食性のものが少ないのも、そのせいである。葉っぱはカロリーが低く、もし有効に利用しようとすると、微生物の助けを借りて、場合によっては反すうしながら消化する必要がある。つまり、長時間大量の餌を腹に入れたままで行動しなくてはならない。

葉を食べる鳥としてはカモ類があるが、彼らは盲腸が発達しており、かつボッテリ大きな腹をしている。また、水上に逃げるという裏技が使えるのも大きい。たとえ体が重くて飛びづらかったとしても、水上で消化を待っていれば安全だ。どうしても飛び立つ必要があれば水面を蹴って助走したっていい。

だが、多くの「普通の」鳥はそんなことができない。**彼らはもっと消化のよいハイカロリーな餌を摂る。基本的には果実と昆虫だ。**

彼らの動きを見ていると、採餌はほぼ秒単位である。例えば、サクラの果実を食べるハシブトガラスは、1分間に10個ほども食べてしまうこともある。もちろん、このペースで1日中食べ続けるなんてことはないが、かなりせわしなく食べているのだ。とはいえ、衛星放送の映画チャンネルを見ながらポップコーンをつまんでいると、人間もそれくらいのペースになっているだろうから、特に忙しいということもないか。

だが、はっきりと忙しいのはもっと小さな鳥たちだ。カラスは栄養価の高いものをドカンと食えることがあるし（焼き芋やハンバーガーを拾ったら万々歳である）、餌をあちこちに隠してストックしてある。それに対し、小さな虫を1匹ずつ捕まえなければならない鳥たちは、とても大変だ。

水辺で採餌するチドリやシギを観察していると、1分あたりのつつき回数は数十回に達することも珍しくない。もちろん空振りもあるはずで、つつき回数＝餌を採った回数にはならない。

だが、仮に命中率が50%だったとしても、数秒に1回は餌を採っているのだ。

では、そんなに忙しく何を食べているか。私が河川で調べたチドリの餌のほとんどは、体長数ミリのユスリカやトビケラの幼虫だった。それ以外にもミズミミズや陸生の昆虫などを食べているはずだが、いずれにしても、非常に小さな餌である。餌1匹あたりのカロリーがごく小さいので、とにかく数を稼がないと到底追いつかないわけである。

古典的な研究だが、冬のスコットランド（当然、寒い）を生き抜く小鳥の採餌速度は、「秒単位に1匹」という試算がある。私もチドリの餌量を試算したところ、1日12時間を採餌に当てるとしても、餌の大きさによっては40秒に1匹くらい食べていないと追いつかない、という結果になったことがある。

もちろん、これは餌の大きさや集中度によって変わって来るので、これが実際の行動とどれくらい一致するかはわからないのだが、「何分に1匹」というような悠長なことはしていられない、という程度の信頼性はあるだろう。

なお、最近わかってきたことだが、シギやチドリの餌の一部は藻類である。彼らが採餌している水際環境には必ず藻類が繁茂しており、水中にトロロコンブみたいにゆらゆらしていたり、泥の表面に張り付いていたりする。これが必ず胃の中から見つかり、かつ、ちゃんと消化されて栄養になっているようだ。

狙って食っているというより、小動物を狙って食べたら一緒に口に入るだけのような気もするが、これも彼らの活動を支えているのは確かである。**トンカツを食べたら千切りキャベツが一緒に口に入ったようなものかもしれないが、栄養源としては刻んだ野菜よりは良いようだ。**

モーレツ社員とフリーライダー in アリ社会

動物界の働きものといえば、やはりハチ、アリだろう。なにせ「働きアリ」という言葉が生物学を超えて、ワーカホリックな会社員の代名詞になっているくらいである。

一方、働きアリが案外働いていないこともわかっている。働きアリの法則といわれるものだが、働きアリのうち2割は働いていない。2割は本当によく働くアリで、残り6割がそこそこ働くアリだという。要するに、半分ちょっとが「そこそこ」で、残り2割ずつが極端なのだ。なんとなく身に覚えのある数字ではないだろうか？

面白いことに、働かないアリを除去して働く奴ばかりにしても、その集団だけにしてみるとやっぱり、よく働く：そこそこ働く：働かない＝2：6：2になる。逆に、働かないアリばかりを集めると、今度は働かないアリだったうちの2割は（その中では）勤勉になり、6割は普通になり、残る2割は本当に働かないので、やっぱり2：6：2が維持される。

学生の時に実習でアリを観察したことがあるのだが、確かに、働かずに休んでいたり、自分の体を掃除していたりする時間が結構あった。**しかも、いつ見てもサボっている個体と、いつ見ても働いている個体がいたのも事実である。**残念だが個体数の比率は計算しなかった。

ちなみにこの実習での観察は、箱の中で飼育されているアリを対象としたものである。アリにはペイントで点が描いてあり、点の場所とパターンで数字を表している。点字みたいなものだ。

アリの胸部の左上に点があったら、そのマークは1を示している。右上に点があれば2、左下なら4、右下なら8だ。この4つの点の組み合わせだけで、1から9までの数字が表せる。1、2、4、8以外に、左上と右上に点があれば1＋2で3、左上と左下に点があれば1＋4で5、右上と左下に点があれば2＋4で6、左上と右上と左下なら1＋2＋4で7、左上と右下なら1＋8で9だ。さらに胸部を十の位、腹部を一の位としておけば、「胸部が3で腹部が5だから35」というように、1から99までが表せる。面倒なようだが、アリに豆粒のような数字を書いて、さらにそれを読み取るよりは簡単である。

こうやってアリに背番号を付け、何番のアリが何をしているかを記録するわけだ。5分ごとのスキャンサンプリング（全てのアリの、その瞬間の行動をチェックする方法）だったが、アリは50匹ほどいる。最初は「えーと、これは3で、腹部が6……じゃなくて7だから」などとやっているうちに5分経ってしまったが、ペアを組んでいた友達と二人で必死に練習した結果、最後は数え終わって休憩してから次のサンプリングができるまでに上達した。

この実習で非常に面白かったのは、アリの日齢と仕事場に明確な関連があることだった。若いアリは内勤で、幼虫や卵の世話をしている。もう少し歳をとると、巣の中ではあるが、外側にいることが増える。そして、外に出て餌を集めてくるのは一番歳上のグループなのだった。理由は、外の方が危険だからだ。危険のある場所だから経験を積んだ個体のほうがいい、という理由もあるかもしれないが、もっと身も蓋もない解釈がある。

ちょっとヒントを出そう。新品の服で汚れ仕事をするのはもったいないが、着古しなら別に惜しくないだろう。どうせもう捨てるだけの古着なら、汚れても破れても構わないからである。

働きアリの冷徹が、もうおわかりだろう。「外に出ると死にやすいから、老い先短い奴を行かせたほうが惜しくない」という理由だ。**このブラックぶりを見ていると、モーレツ社員を働きアリに例えるのは決して間違いではないように思われる。**

ちなみに、働きアリが繁殖せずひたすら働くのは、コロニーの個体が全て、女王の子どもだからである。巣にいる全員が血縁者なのだ。そうすると、女王アリの子育てを手伝うことで、間接的に自分の親族が残る。厳密に言うとアリの中には「働きアリでもやろうと思えば自分で卵を産める」という奴もいてやっかいなのだが、まあ、典型的な真社会性（繁殖カーストとワーカーの分業がある）のアリについて言えば、そういうことである。

ところが、働きアリの中には、何があろうと本当に全然働かないフリーライダー（タダ乗りする奴）も少数だがいることもわかっている。単純に考えれば、こういう個体は巣にとって「無駄」であり、そんな奴がいない巣のほうが繁栄するはずだ。**ところがこういう個体が一定数含まれ続けているということは、そういう個体を保存しようとする力も、何かあるはずなのだ。**これは進化学的には非常に面白いのだが、その理由はわかっていない。

最後に、働いていないように見えて働いているのが、ハダカデバネズミ。彼らは哺乳類

ハダカデバネズミ
布団として生きるか、兵隊として生きるか…

なのに真社会性を持つという極めて珍しい生き物だが、ワーカーの仕事の一つは、子どものための布団になって寝ていることである。彼らは巣穴の中で折り重なっているが、そうしないとまだ小さい子どもが寒くて弱ってしまうからだ。

さらに、ヘビなど外敵が来た時に集合して対処する「兵隊ネズミ」もいるのだが、彼らは基本的に戦闘力が極めて低く、戦うためにはさして役立たない。結果論からいえば、**彼らはヘビの餌になるために存在する。**侵入した捕食者の目の前に身を投げ出してくれるので、巣の奥までは荒らされずに済むわけだ。つまり、兵隊どころか単なる人身御供《ひとみごくう》。

滅私奉公もここまで来るとやりすぎ感があるが、なかにはそういう動物もいるのである。

7.「強い」と「弱い」
コウモリの飛行能力は戦闘機並みに高い

アフリカで一番ヤバいのはカバ

「○○最強」とは、実にそそるネーミングである。ペナントレース、世界大会、オリンピックと「最強」を決める大会には事欠かない。そして「霊長類最強」こと吉田沙保里も頻繁にテレビに出ている。霊長類最強については若干の疑問もあるのだが（チンパンジーやゴリラの握力・腕力をナメてはいけない）、吉田ネキだから大丈夫だろう。きっと。

「どっちが強い」は子どもたちに常に人気のある話題だ。ただ、よくよく考えると、どういう条件でどのように勝ったら「強い」のか非常に難しい。動物同士の場合、ルールもなければ点数もなく、技ありとか一本もない。極端な話、最後まで逃げ回って相手の寿命が尽きるまで待っていれば勝ち、なんて手だってある。

だがまあ、それはちょっと詭弁《きべん》だ。「強い」といえば、対戦した時に相手の戦意を喪失させるくらい強い、あるいは戦闘不能に追い込むくらい強い、という意味だろう。

動物界で強いといえば、やはりライオン、トラ、ゾウ、クマ、シャチあたりが真っ先に上がるだろうか。耐久性と絶対的な質量を含めればゾウが最強な気もするが、出合い頭の破壊力ならライオン、トラは侮れない。

クマも十分に恐ろしいが、ロシア人によると「確かにヒグマは怖いが、ロシアにはクマを殴り殺す奴がいるからな」だそうである。もちろんアムールトラのことだ。かの国の大統領閣下ではない。水中限定だが、シャチはホオジロザメを余裕で捕食できるくらい強力だ。淡水なら大型のワニが強そうである。

だが、野生の王国、アフリカで一番ヤバい動物はライオンでもゾウでもなく、カバだというのは既によく知られた話であろう。カバはああ見えて縄張り意識が非常に強いし、子どもを連れた母親はもっと危険だ。特に、夜間に上陸して草を食べたカバが川に戻ろうとしている時が危ない。

アフリカで動物調査をした友人は、川を観察している時、必ず一人に背後を見張らせていたそうである。いち早く見つけて避けないと、カバの行く手をふさいでしまったら本当に危ないからだ。カバに襲われて死亡する人は年間５００人に達するという報道さえある。

まあ、この辺りの動物たちは格段に強力で、どれをとっても素手の人間では太刀打ちできるわけがない。聞き取り調査をしていて「ツキノワグマを背負い投げで撃退した」などという話も聞いたことはあるが、これだって相手が驚いて逃げてくれたから助かったわけで、ガチな一騎打ちなんかやったら到底勝てないだろう。

作家の小松左京はエッセイの中で飼っていた子ネコと本気で喧嘩した話を書いているが、気づいたら座布団を左手に持って盾にし、掃除機のパイプを右手に構え、全身血まみれだったという。**普通の人間は死ぬ気で戦ったりしないので、その辺の覚悟が人間と動物とは違うのだ。**

強いか弱いかは、相対的に決まる

このように、ネコだって武器を持たない人間にとっては十分に脅威になり得るし、人間を一撃で殴り殺せるヒグマを、さらに捕食するトラもいる（さすがにトラにとっても楽な相手ではないようだが）。当たり前だが、強いとか弱いとかは、誰を相手にするかによって変わるのだ。

昔、深海生物の調査の話を聞いたことがあった。深海底には様々な生物が暮らしているが、光の届かない場所なので、とにかく物質生産の基盤がない。熱水鉱床からミネラルを含んだ温水が吹き出し、これをもとに化学合成細菌が活動していれば別だが、ごく普通の海底の場合は、上層から沈んでくる有機物が頼りだ。

このような世界に生きる動物の多くは非常に小さい。大きな体を維持する栄養もないし、成長速度もごく遅いからである。こういう世界には大きな変化がなく、そこに暮らす動物たちだけで生態系が完結して、ただ静かに時間が流れるらしい。

ところが、この環境が激変する場合がある。例えば、体長10センチほどのナマコが通った時だ。ナマコは泥をかき回しながら通り過ぎ、泥を吸い込んでその中の有機物を餌とし、背後に糞（大半は、ろ過した泥だ）を残す。

これが、深海底に小さな小さな世界を作っていた生物にとっては、天変地異になるのである。有機物の層がかき回されると堆積した物質や細菌の分布が変わるし、酸素の量も変わる。ナマコが有機物を持ち去ってしまうのも激変なら、その後に有機物をろ過した土砂を堆積させてしまうのも、ほんの数ミリしかない生物にとっては大激変である。人間でいえば、村が土石流に襲われるに等しい。

カラスが小鳥の雛を食べると、人間は雛に肩入れして「まあかわいそう」と言いたがる。それはまあ、無理からぬところはあるのだが、考えてみれば、その小鳥だって虫にとっては死の使いだ。**スズメが嬉しそうに青虫をくわえ、道路や枝にビッタンビッタンと叩きつけているのを見ると、動物はイノセントではいられないのだ、どうにかして餌を食うしかないのだ、としか言いようがない。**

もしあの青虫が自分だったらと思うと身の毛がよだつが、人間はなかなか青虫に感情移入はしないので、スズメはかわいいと思ってもらえる。**スズメとカラスの違いはそこだけだ。**

ちなみに、スズメは青虫を叩き潰した後、柔らかい中身だけを食べる。成長の早い雛に餌を与えることを考えれば、高栄養で消化のいい青虫、それもどうかすると中身だけ、というのは合理的ではあるのだが、ちょっと、自分の身に置き換えて想像したくはない。

コウモリは鳥より弱いのか?

「鳥なき里のコウモリ」という言葉がある。まがい物でも本家がいなければデカい顔ができる、という意味だ。つまり、この言葉は「飛ぶのはやっぱり鳥、コウモリなんてしょせんは大したことないでしょ」という前提を置いている。

いや、その前提は明らかに不当ですから。

スズメの食事風景
ちょうど青虫を叩きつけているところ

確かにコウモリは鳥ほどスイスイ飛んでいないように見える。だが、よく考えてほしい。そもそも人間はコウモリの飛ぶ姿をほとんど見ていない。夕方、人里近くを飛ぶアブラコウモリの影を目にするくらいだろう。

次に、そのコウモリの飛び方をじっくり見たことがあるだろうか。むやみにパタパタ、ヒラヒラと身を翻して忙しく飛んでいるが、あの動きを目で追うのは大変だ。飛行効率についてはちょっと疑問もあるが、アクロバティックな飛行能力という点ではケチのつけようがない。

実際、彼らは短い胴体を生かして、恐ろしく小さな半径で旋回できる。空中でスピンターンするような勢いで反転し、翼を畳んでクルリと回り込み、目まぐるしく高度を変える。片時も安定しない代わりに、獲物がどんな動きをしても必ず追いかけていけるような飛び方である。

ちなみに、現代のジェット戦闘機はわざと静的安定性のマージンを負にしている。つまり、姿勢が乱れたらどんどん乱れる方にいってしまい、自然に復元することがない。この、「手放しではまっすぐ飛ぶこともできない」不安定さを利用して機動性を上げているからだ（その代わり、フライトコンピュータの介入なしにはまっすぐ飛ぶのが難しい）。**してみると、コウモリのヒラヒラ・フラフラした飛び方は最新鋭の戦闘機と同じだ、という言い方もできるだろう。**

コウモリが超音波を発し、その反射を聞いて昆虫を探すのはよく知られている。これは、「エコーロケーション（反響定位）」と呼ばれるが、コウモリの能力はそれだけにとどまらない。彼らは跳ね返ってくる音波の周波数変化から、獲物が接近しているか、遠ざかっているかを判断できる。反射の強さから獲物の大きさを判断し、「こいつは大物だから優先的に狙おう」といった判断もできる。

つまり、空中を監視し、相手の正体や動きを読んで狙いを定める、まるで戦闘機が装備するレーダーのような機能だ。

オヒキコウモリやウオクイコウモリは水面の引き波を探知し、水面直下を泳ぐ魚を足でつかんで飛び去る。こうなるともはや潜水艦を駆り立てる対潜哨戒機のようだ。視界の悪い夜間にやっていることを考えれば、コウモリの探知能力や飛行能力は驚異的である。最高速度や飛行高度では鳥にかなわないかもしれないが、「巧みに飛ぶ」という意味なら、決して鳥に負けていない。

対コウモリ警戒装置を持つガ

忘れてはいけない。羽ばたき飛行を身につけた脊椎動物は鳥とコウモリだけなのだ。無脊椎動物まで拡張しても、あとは昆虫だけである。

それに、コウモリは夜だけ飛ぶのでもない。オオコウモリは昼行性だ。まあ、多くの小型のコウモリが夜行性になったのは、彼らが進化しようとしていた時には昼間の空を既に鳥が支配していたからだが、**逆に言えば、後発でありながら、鳥が征服できなかった夜の空を手に入れたのだ。**

コウモリが空を飛ぶ動物として進化したのは、新生代になってからだろう。それまでは鳥と翼竜が空を飛んでいたが、中生代の終わりとともに翼竜が絶滅した。それから、鳥がさらに「空」というニッチを全て埋めるまでの間に、上手に割り込んだのだろう。

コウモリの進化の過程はまだわかっていないが、5200万年ほど前のコウモリの化石は、彼らが既に飛べたことを示している。ただし超音波を操る能力はなかったようで、夜行性にはなっていなかったようだ。鳥と競合しながら、次第に鳥のいない（ということは餌が競合せず、猛禽に襲われることもない）夜間に行動するよう進化していったのだろう。

昼間の空では、コウモリは速度に勝る猛禽に襲われる（実際、夕方になるとチゴハヤブサなどがコウモリを捕食することがある）かもしれないが、夜間なら敵はいない。そして、夜間に昆虫を捕らえられる鳥がヨタカや小型のフクロウだけだ、ということを考えれば、対昆虫用に特化したコウモリの戦略、そしてあの飛び方は決して間違いではない。

コウモリの仲間（翼手目）は1000種近くいて、その種数は全哺乳類の20％以上だ。ネズ

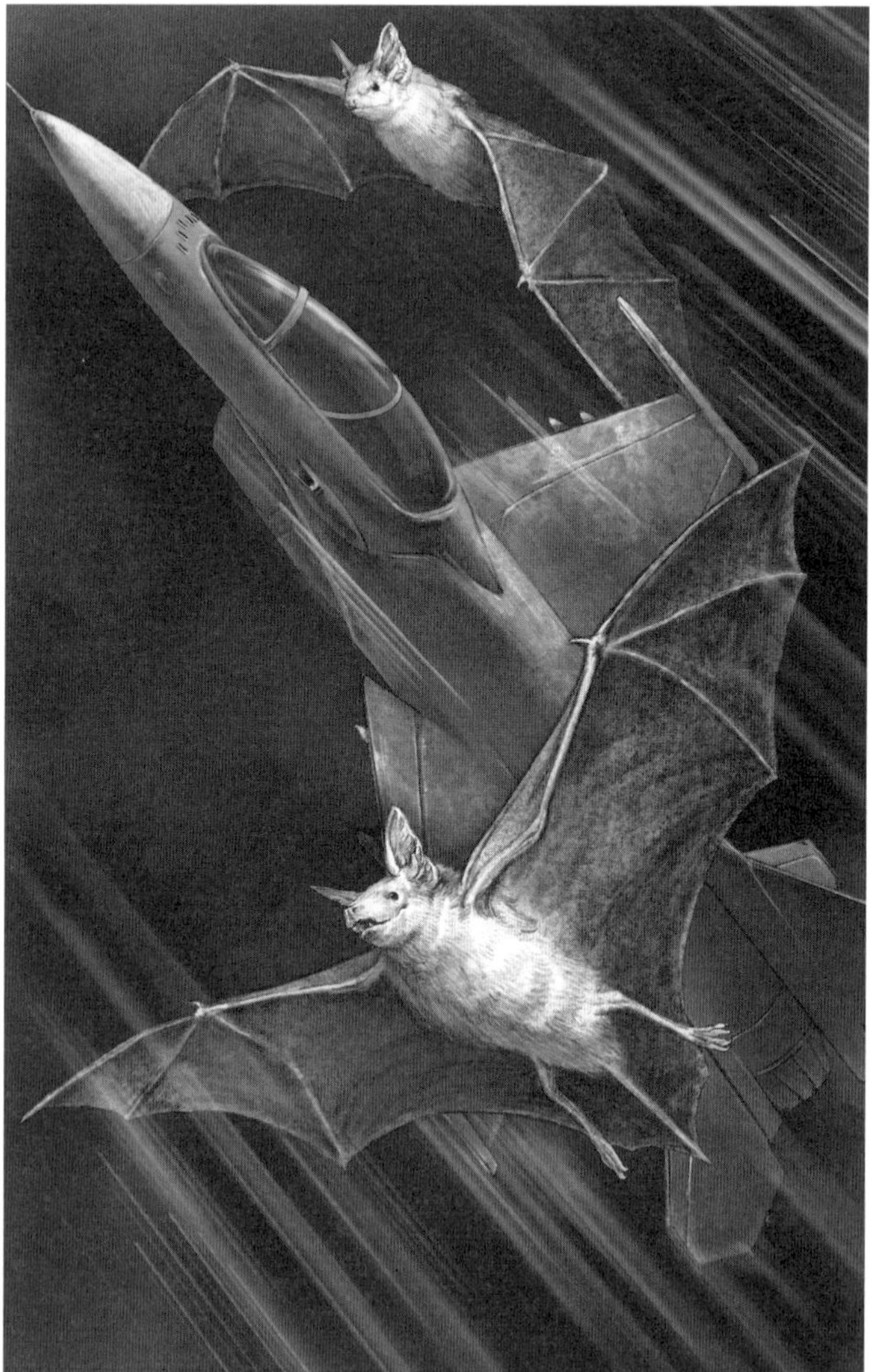

ミについで種類が多い。空を飛んで、他の哺乳類が到達できない離島に分布することもできる（たとえばニュージーランド在来の哺乳類はコウモリだけだ）。これだけ大繁栄している生物を「しょせん鳥じゃないし」とあざけるのは、あまりに失礼というものだろう。

コウモリ1頭が真っ昼間に鳥と勝負しても勝てるとは限らないが、その能力は侮れないし、コウモリに有利な条件なら絶対負けない。そして、繁栄という点でも、負けてはいないのである。

もっとも、狙われる昆虫の方も黙ってはいない。ガの中にはコウモリの超音波を探知する感覚器を持つものがいる。これは神経細胞と毛でできた、非常に簡素な器官なのだが、超音波によるロックオンを探知すると運動神経に介入し、姿勢制御機能をオフにする。つまり、本人もどんな姿勢でどう飛んでいるかわからない状態になる。

結果として急旋回や急降下をでたらめに繰り返し、コウモリを振り切ってしまうという「対コウモリ警戒装置」である。

また、受動的な手段として体表面に細かい毛を生やすのも、超音波の反射を減らす効果があるだろう。弱い反射波しか返さなければ遠距離からは探知できないし（遠距離といってもおそらく数メートルだが）、仮に探知されても反射が弱ければ「なんだ、こんな小さい餌か」と無視してくれるかもしれない。戦闘機がレーダー反射を減らす（ステルス化）のと同じだ。

それどころか、自分から超音波を出すガがいることもわかった。おそらく、こちらから超音波を送り込むことでコウモリが聞く反射波の情報をかく乱し、探知を妨害するのが目的である。人間の軍事技術でも敵のレーダーを妨害（ジャミング）することはよく行われるが、なかでもわずかにタイミングや周波数をずらした電波を送り込み、標定を狂わせる「セダクション・ジャマー」という装置にそっくりである。

エコーロケーションのような手間暇かけた精緻なシステムが、案外単純な方法であっさり妨害されてしまうことがあるのも、面白いところだ。

余計な競争を避けるニッチ戦略

このように、**ガチンコ勝負で勝たなくてもいいとか、条件次第で強さは変わるとかいうのが、人間の考える「戦い」と生物の生存戦略の違いだ。**

もっとも戦争もそういうところはある。ベトナム戦争にしても「戦闘の結果」と「政治的判断」は違っていた。アメリカは戦闘では勝利しつつあったが、国内情勢として戦争を続けられなくなったから撤退したともいえる。人間の戦いにしても状況次第で、なかなか「私の戦闘力は53万です」というような絶対的な数値化ができない。

ある生物がどこにすみ、何を食べ、どんなものを利用し、どう暮らしているかをニッチ（生態的地位）と呼ぶ。世界は様々はニッチに満ちており、例えばハシブトガラスは森林に暮らし、樹上に営巣する、雑食性というニッチを占める動物だ。ハシボソガラスは非常に似ているが、森林ではなく開けた環境を利用するところが違う。

このようなニッチの違いは、商店街に例えられる。商店街には様々な店が並ぶが、どれも業種が違うので客の奪い合いにはならない。飲食店というくくりであっても、牛丼屋、カレー屋、フレンチ、喫茶店といった違いがあればなんとかなる。全く同じ業種が乱立すると競争が起こり、何軒かは潰れてしまうだろう。

異なる種の生物が出合った時も同じで、必ずしも競争になるわけではない。商店街の例えで言えば、飲食店の隣にクリーニング屋ができても別に問題ないからだ。ニッチの重ならない生物同士なら、お互いに無視し合うだけである。

ニッチが重なる場合は競争になる。だが、例えば近所に居酒屋が2軒あるからといって、いきなり店主同士が殴り合いはしない。互いに様々な方法で客を呼び込もうとし、さらに、その店の特色を出してアピールする。例えば「ビールがうまいのはあっちの店だが、日本酒の品揃えがいいのはこっちだな」みたいなものだ。つまり、**わずかでもニッチを変えることで完全な重なりを回避し、生き残ろうとする。**

これは生物の進化でも起こることだ。鳥とコウモリの例もそうだ。コウモリは鳥と真っ向から勝負するのを避け、空いているニッチに入り込むことで「うまいことやる」方向に向かったのである。

これは、一種の生物が状況によってニッチを変えていることからもわかる。例えば、川にアユのいない時期にはオイカワという魚が浅瀬にいるが、アユが来ると少し深いところに移る。成長したアユは浅瀬の水ゴケを食べるが、オイカワは他のものも食べるので、アユに場所を譲ることで競争を回避したのだ。この時、オイカワは食性や生息場所をシフトすることで別のニッチを占めるようになった。

ところが「水深の深いところで昆虫を

アユ（上）とカワムツ（下）
なるべく直接対決したくない

食べる」というニッチには既にカワムツがいるので、今度はカワムツが追い出されて浅瀬に出てくる。結果、カワムツはアユとの競争にさらされる（しかもだいたい負ける）、というのが、有名な研究例である。

もっとも、オイカワとカワムツが川の中で同じ場所にいることもある。ただし、印象としてはカワムツはより深みの物陰、オイカワは中層と居場所を分けているように見える。

このように、**余計な戦いをするよりはニッチをずらして回避する、というのも、生物がよくやることだ。**

ハワイで起きた鳥の大量絶滅

生物が出合う危機は様々だ。私の専門である鳥もそうだ。彼らは餌不足に弱いし、営巣環境も限定的だったりする。それゆえ、悪条件が重なると、鳥は簡単に絶滅する。例えばハワイだ。地上の楽園のような島々だが、鳥にとっては地獄と化したことがある。

ハワイは太平洋の真ん中に浮かぶ海洋島で、近くには陸地がない。ハワイにもともと生息していた鳥は、ハワイにたどり着いた、ごく少数の鳥たちの子孫だ。風に流されたり、渡りの方向を間違ったりしたものの、幸運にも陸地にたどり着いた鳥たちがいたのだろう。海鳥なら海上で休むこともできるが、陸性の鳥は海に落ちたら終わりだ。たどり着けずに死んでいった鳥たちも、無数にいたに違いない。

さて、少数の鳥たちがハワイというガラ空きの新天地を与えられた結果、彼らはハワイ独自の種として進化を遂げていった。例えば、ハワイミツスイの仲間は40種以上がいたとされ、その全てがハワイにしかいない固有種だった。現在ハワイで確認されている鳥は250種ほどになるから、結構な割合である。決して大きな島ではないことを考えれば、これほど独自性の高い生態系を持っていたのは驚異的だ。

だが、ハワイの環境は大きく変わった。

哺乳類がほとんどいなかったハワイに人間がたどり着いたのが、4世紀から8世紀頃といわれている。さらに1800年代になるとサトウキビのプランテーション栽培が進み、植生が大きく変化した。**人間の目から見れば同じ「緑豊か」であっても、特定の植物を利用する生物にとっては全く違う。**従来の植生に依存して生きていた生物は激減した。当然、花や果実や昆虫と密接な関係を持っていた鳥類も大きな影響を受けた。

また、人間の入植は多くの移入種を伴う。**特に古い時代には極めて気楽に「故郷の生き物」が持ち込まれている。**一例を挙げると、ニュージーランドにやたらとヨーロッパの鳥が分布するのは、入植者が故郷の風景を懐かしんで持ってきてしまったからである。訳のわからない話だが、ミヤマガラスまでがニュージーランドにいる。

ハワイにも同じく、各地から様々な鳥が持ち込まれた（ただし鳥はまだマシで、植物に至っては見る影もないほど原植生が破壊され尽くしている）。

さらに、意図的なものでなくても、人間が移動するともれなくネズミ、イヌ、ネコ、イタチなんかがくっついて来る。小さなところではオカダンゴムシもおそらく移入種だ。オカダンゴムシは世界中どこにでも見られ、一体どこが原産地なのかわからないくらい、分布が広い。人間が植木や貨物と一緒に運んでしまったせいだろう。当然、こういった移入種も、ハワイ在来の生物に影響を与えただろう。

最後に駄目押しとなったのが、病気である。鳥マラリアが、移入された鳥とともにハワイに入ってきた。この病気は蚊によって媒介されるが、そもそもハワイには蚊がいなかった。それ自体が移入種なのである。ということで、病原体もいなければ媒介者もおらず、病気に全く耐性のなかったハワイ在来の鳥は片っ端から病気になってしまった。

標高1500メートルを超える場所ではハワイミツスイが多く生き残っていることが知られているのだが、これは低地よりも環境が保存されている以外に、高山には蚊がいないためではないかと言われている。

40種以上いたハワイミツスイのうち、17種が既に絶滅した。生き残っている20種あまりのうち、13種も絶滅寸前だ。普通に見ることができるのは数種にすぎない。

もちろん、絶滅に直面したのはハワイミツスイだけではない。ハワイガンも1952年には30羽と絶滅寸前になったが、幸いにして人工孵化させた個体を再導入する保護活動が成功し、今は2800羽余りに増えている。

信じがたいかもしれないが、ハワイガラスというカラスの一種も野生状態では絶滅してしまい、保護施設で繁殖させた個体が生き残っているだけだ。数年前から野生復帰プログラムが始まっている。**環境の変化は、一見強そうなカラスさえも消し去るところだったのである。**

もっとも、ハワイの鳥もやられっぱなしではない。一部のハワイミツスイは低地で数を増やしており、病気に対して耐性を獲得した可能性も指摘されている。だが、獲得できずに絶滅したもの、絶滅まではしなくても大きく数を減らしたものなどがいることは、忘れてはいけないだろう。

このように、全く想定外の、経験したこともない敵が襲って来た場合、個体が強いとか弱いとかは全く関係ない。世界じゅうで人間が持ち込んだ移入種が問題となっているのも、これが理由である。

強いは弱い、弱いは強い

一方、弱そうな生き物代表というと、なんだろう。

マンボウはなにをしてもすぐ死んでしまうひ弱な生物と面白おかしく喧伝されたことがある。いわく、ジャンプして着水するとショックで死ぬ。深く潜りすぎると寒さで死ぬ、などなど。だが、あの「最弱伝説」は本当に単なる伝説である。というか、そんな程度で死ぬようでは生存できない。飼育下では水槽にスレて傷を負い、それがもとで死んでしまうことがあるのは事実だが、もともと障害物のない外洋を泳ぐ魚なのだから仕方ない。

それどころか、彼らは本気で泳ぐと結構速い。記録された最高速度は時速8・6キロで、人間が歩く速度の約2倍。水泳50メートル自由形の世界記録が平均速度換算で時速8・9キロとのことなので、水泳選手が全力で泳ぐくらいの速度は出せる。

だが、マンボウの本当のすごさはそこではない。全長3メートルという巨体に達するまでどうやって生き残るか、が本当の見せ場である。

マンボウは非常にたくさんの卵を産む（らしい）。3億個といわれているが、これは「卵巣から3億個以上もの未成熟卵が見つかった」という古い文献に基づいており、本当に3億個もあるのか、仮に3億個あったとしても一度に産卵してしまうのか、はわかっていない。とはいえ、産卵数は１００個や２００個ではあるまい。その卵を、どうやら海中にばらまいてしまう。

　この時点で極めて過酷な生存競争のスタートである。海中に漂う卵はただの餌、イワシにだって食べられてしまう。産卵したマンボウの後ろをイワシの群れがダーッと通ると、それだけで相当な数の卵が減ってしまいかねない。次にサバが通ると、また減る。

　この無防備な卵の時代を生き延びると、今度は稚魚だ。まだお腹に卵黄をくっつけているのが普通。これまた、何が来ても食われるし、まともに遊泳できないので逃げることも

マンボウ

マンボウの子魚

数と運も生きるための立派な戦略

できない。もう少し大きくなった子魚で、やっとこさ相手の進路からどくくらいのことができるようになる。また、マンボウ科の子魚は体にトゲトゲがあり、食べたら痛そうだ。小さな雑魚には食われずに済むようにしているのだろう。

とはいえ、別にこのトゲがものすごく強いとか毒があるとかいう話は聞かない。**結局、マンボウを守るものは数と運しかないように思われる。**

この、「大量に産めば誰か残るよ」作戦は生物には普遍的なものである。例えば、毎年毎年、大量の実を落とすブナ。だからって雑木林がブナの若木で埋め尽くされているのは見たことがないはずだ。というのも、ブナが発芽するには、いくつものハードルがあるからである。

まず、地面に落ちたブナの実は片っ端から動物に食われる。だいたいはネズミ、あとはイノシシなどだ。いや、落ちる前からゾウムシが産卵していて、殻の中で食べられていることも少なくない。あるいは腐ってしまう。その結果、多くの場合はその全てが食われるか腐るかしてしまい、発芽することさえできない。

だが、数年に一度、大豊作がある。こういう時はネズミも食べ尽くすことができず、実が生き残って発芽するチャンスがある。というより、数年に一度ドカンと豊作にすることで、チャンスを作り出している、と言ったほうがいい。

平常の結実数を低く抑えておくと、ネズミはそのレベルで食っていける数までしか増えられない。そうやってネズミの個体数を抑えておき、たまにネズミの食べる量を大きく上回る数の実を落とせば、間欠的にだが、ブナは発芽のチャンスを得られるのだ。**こういう周期的な大豊作を「マスティング」といい、様々な植物に見られる。**

もっともブナの場合、発芽したとしても林床はササで覆われて光が届かない。光を浴びて大きく成長するチャンスは、ササが一斉開花して一斉枯死し、林床が明るくなる時だけだ。だが、光が不足したままヒョロヒョロの苗木として生き延びられるのはせいぜい数年。一方、ササが一斉枯死するチャンスは、数十年に一度しかない。

つまり、マスティングの年に実り、かつそれから数年以内にササが枯れてくれた場合だけ、その実はブナの大樹に育つ可能性がある。そんな気長な、と思うが、ブナの寿命は400年くらいあるので、その間に何度か「子孫が残る年」があればいいのだろう。

これは、少数の子どもを産んで大事に育てる霊長類には理解しがたい戦略である。だが、我々の子育てとは対極にある、「子育ての手間を最小限にし、代わりにとにかく大量に産む」戦略も有効であることは間違いない。

日本人の慣れ親しんできた味……たらこ、いくら、しらす干し、めざし、これらは全て、食われるのを前提にものすごい数の子孫を産みまくる生物たちだ。だからこそ、卵や稚魚をごっそり食べてしまっても絶滅していないのである（ただし日本のサケについては、天然繁殖は激減している）。もっといえば、受粉が風まかせなイネだってそうである。**彼らは「どれだけ食われようが、その後でまだ残っていれば負けてはいない」という戦い方で生き延びてきた。**

哺乳類では、ネズミがこの戦略だろう。

哺乳類は母親が授乳する以上、子育ての投資をあまり削ることはできない。だが、ネズミは成長して成熟するのに要する時間を最小化した。一度に何頭もの子どもを産み、その子どもが数カ月で成長して繁殖できる、という文字通りの「ねずみ算」方式によって子孫を増やし続ける。それはもちろん、ありとあらゆる動物がネズミを餌とするからである。

このように、一個体は非常に脆弱《ぜいじゃく》だが、どこにでも分布する上に個体数が極端に多い、よって地球上で繁栄している、といった生物もいる。逆に、それこそライオンやトラのような生態系の頂点に立つ動物たちは、餌となる動物が十分にいなければ生存できず、そのためには広大な環境が保全されていなければならず、何より最も手強い敵である人間に狙われやすいという、弱い立場に置かれている場合もある。

一個体の強さと、生態系の中での安定性はまた別なのだ。

というわけで、生物の場合、「強いは弱い」「弱いは強い」のようなアベコベな理屈も、成立しなくはない。決して1対1の決闘で勝てるチャンピオンだけが、生物として強いことにはならない。**それこそが、この地球上にありとあらゆる生物が存在できている理由である。**

PART3 生き方の誤解

人の生きざまは人それぞれだ。
だが、所詮はヒトという種の中でのことである。
ヒト以外の動物を見渡せば、実に多様な生き方がある。
それらは全て、「進化のお眼鏡にかなった」生きざまだ。
時に人間には理解しがたいものであったりもするが、
それはむしろ、人間がヒトという種の生き方に縛られているからである。

8．「群れる」と「孤独」

一匹狼は孤独を好んでいるわけじゃない

時と場合によって変わる「群れの論理」

近頃は「おひとりさま」も市民権を得てきたような気がするが、やはり一人でいることへの批判的視線は根強い。私の知り合い（20代男子）は一人で富士急ハイランドに出かけ、一人で絶叫マシンに乗って一人で楽しんでくるというツワモノだが、これを聞いた時はさすがに「お前どんだけ心臓強いの」と言ってしまった。**大概のことは気にしないつもりだったが、カップルだらけの中で一人遊園地をやる度胸はない。**

「ぼっち飯」が排斥されるのも納得いかない。「一人で食べているのは、誰も友達がいないからなんだね！　それは不幸なことだから、一緒に食べようよ！」と言われても……である。一人でゆっくり食いたい人を勝手に不幸せ扱いするのはいかがなものか。

「社交的でほがらかで、大きな声できちんと挨拶する人」がなんとなくイイ人扱いされるのは、おそらく、人間が社会性の動物だからである。事件の犯人について近所の人が「ちゃんと挨拶するいい子だったのに」などと判で押したように語るのを見ていると、「ちゃんと挨拶するいい子」はむしろヤバいんじゃないかと思うこともあるが、まあ、普通は挨拶もしない相手よりは、にこやかに「おはようございます！」と言ってくれるほうを信用するだろう。

挨拶するならこちらに敵意を持っていなさそう・コミュニケーションを取る気がありそう・社会的な規範を守ろうとしているように見えるなど、**同じコミュニティに暮らす相手としてそれなりに信頼できるからだ。**


集団性の動物は少なくない。ただ、その全てが、人間のような集団だとは限らないし、集まっている理由も様々である。そして、群れることは動物の様々な生き方の一つに過ぎず、当然、群れないという生き方もある。

群れる動物は小さいものが多い。とはいえ、小さくても単独生活をするものはあるし、大きくてもクジラやゾウは集団を作る。群れを作る理由はそれなりに複雑だ。

成長過程に応じて、あるいは季節的に集団を作るものもある。例えば、日本で繁殖するハシブトガラス、ハシボソガラスは若いうちは群れを作るが、成長するとペア単位で生活する。しかし、夜だけは集団ねぐらに参加することもある。特に繁殖期が終わった秋冬は、参加する個体が増えるようだ。

つまり、**彼らは生涯のどの段階の、どの季節の、どの時間帯かによって、群れるかどうかが**

変わるわけだ。同じカラス属でもミヤマガラスやイエガラスは繁殖する時も集団になるから、近縁種の間でも事情は違う。

「一匹狼」なんていう言葉があるが、オオカミは群れる。彼らはパックと呼ばれる集団を作って暮らすのが基本だ。「一匹狼」とわざわざ「一匹」をつけるのは、「オオカミなのに群れずに1匹でいる」という意味である。**群れを離れて移籍先を探している若い個体などを指す言葉だ。**

オオカミはアルファオス（最優位なオス）を中心として集団を作るが、その個体数はあまり多くはない。3頭から、せいぜい10頭くらいである（一応、42頭という記録はあるらしいが）。群れは親子や兄弟姉妹など血縁者からなることが多いが、しばしば、よそから移籍してきた非血縁者（つまり、もと一匹狼だ）も入っている時がある。

繁殖はアルファオスとその連れ合いのアルファメスが行うが、他の個体も子育てを手伝う。オオカミはかつて悪魔のごとく嫌われたが、1970年代からは「我が子でなくても子どもを育てる」として、一転、「大いなる自然の象徴」扱いされたこともある。だがこれは、基本的には血縁ゆえのことである。**血縁者の子育てを手伝うのはヘルパーといい、動物界では決して珍しいことではない。**

彼らは繁殖ペアを中心として、主にその血縁者からなる家族集団を生活の基本としている。細かく見てゆくと群れの中で下克上があったり、アルファが衰えて交代するなど、なかなかド

ラマティックではあるようだが。

一方、群れない動物もいる。オランウータンやトラは群れない。ヘビも普通は群れることはない。ハタ、ウツボといった魚も、普通は群れない。鳥類ではフクロウやモズは群れないほうだ。だが、肉食だから群れないというわけではない。バラクーダ、カツオ、マグロといった肉食魚は群れるし、イルカ、シャチも群れる。

そこには群れる理由もあれば、群れたくない・群れられない理由もあるのだ。

見張り番と「薄めの効果」

群れを作る理由は、究極的にいえば極めて単純だ。**そのほうが生き残れるからである。**

例えば、イワシ。イワシは極めて個体数の多い魚だが、1匹ずつはごく小さく、弱い。少し大きな魚が来れば食べられてしまう。だが、大集団を作ることで防衛力を上げることができる。イワシ玉などと呼ばれる、巨大なボール状のイワシの群れの映像をご覧になったことはないだろうか。あれは捕食者（サメやカツオなどだ）が来た時にイワシが集まって形成するものだ。

個々のイワシは小さくても、ものすごい数が集まって丸い塊になってしまうと捕食者も手を出しづらい。捕食者は逃げ遅れたもの、おかしな動きをするものなど、狙いやすい相手にターゲットを絞るが、無数のイワシが次々と目の前を流れながらまとまっていると、1匹をターゲットにすることができない（しかも円を描くように泳いでいるので、明確な群れの最後尾というものもない）。

となると、捕食者は適当に口を開いて突っ込むしかないが、そうするとその勢いに押されたように群れがドーナツ型に変じ、まるで牛の突進をやり過ごす闘牛士のようにスルリと身をかわしてしまう。

また、イワシは剝がれやすいウロコを持っているが、1匹ではせいぜい、「嚙まれた時にウロコが剝がれて、滑って逃げられるかもしれない」程度だ。だが、集団でウロコをまき散らした場合、敵の目を幻惑して一種の煙幕として働くのではないか、という説もある。

鳥類などの場合、見張り能力の向上も大きい。例えば、あなたが一人でご飯を食べつつ、周囲を見ているとしよう。食べている間はどうしても視線を手元に落とすから、周りが見えない。となると、見張りを怠らないためには、食べるのを控えてキョロキョロするしかない。これは動物の採餌戦略からすると、非常に悪い方法だ。

動物は基本的に、単位時間当たりの純利益を最大化しようとする。つまり、なるべくエネルギーを節約しながら、短時間で急速に栄養補給しようとする。そのためには採餌速度を落としてはならない。だが、周囲を見ていないと、すぐ後ろにタカだのキツネだのが迫っているということもある。だから、見ないわけにもいかないのである。

これが、集団だったらどうなるだろう？

みんなで食べたり顔を上げたりをランダムに繰り返していても、「誰か一人は顔を上げて周りを見ている時間」は、自分一人の場合よりも確実に長くなる。**つまり、目が多いほうが、見逃しは減る**（顔を上げた時にどこを見ているかも問題だが、一般に狙われやすい動物は視野が極めて広いので、ここでは顔を上げている時間だけを考える）。

また、ダチョウの観察から、集団が大きくなるほど、1羽あたりの頭を下げている時間が長くなる、つまり安心して長時間餌を採るようになることが知られている。それでも見る目が増えた分、警戒能力は上がっているから、「誰も周りを見ていない無防備な瞬間」は、群れが大きくなるにつれて減る。

つまり、群れが大きいほうが、より安全に、より長時間採餌ができるのだ。誰かが敵を発見すれば、そいつは鳴き声を上げるか逃げるかするから、自分も一緒に逃げればいい。

群れると警戒能力が上がることは、モリバトがタカの接近にどのくらい遠くから気づくか？という研究でも如実に示されている。1羽の時だと不意を突かれることがあるが、2羽以上になると10メートルより遠くから、11羽を超えると数十メートル手前から気づいて逃げてしまう。

これではタカのほうも狙うだけ無駄で、実際、狩りの成功率は格段に下がる。

捕食者対策としては、**「薄めの効果」**も考えなくてはならない。

あなたが一人でいる時に、ゾンビだかジェイソンだかが襲ってきたら、やられるのは確実にあなただ。だが、その時に10人、あるは100人いたら？　その場合、あなたが狙われる確率は1／10、1／100である。仮に100万人いたら、ほぼ安心していいレベルまでリスクは小さくなる。

これが「薄めの効果」、身も蓋もない説明をすれば「集団に紛れ込んでいれば、他の奴を身代わりにして自分は助かるだろう」という理屈である。

捕食回避以外に、**「情報センター仮説」**というのもある。**これは、誰かが餌の在りかを知っている場合、他の個体が積極的に教えなくても、知っていそうな奴に付いていけばいい、というアイディアだ。**これについては、クロコンドルを使った面白い実験がある。

まず、クロコンドルを捕まえ、1日ケージに入れておいてから、ねぐらに戻す。つまり、その個体は捕まっていた間の餌状況について、何も情報を持っていない。すると、そういう個体は朝の飛び立ちを遅らせ、他の個体に付いてゆこうとするのである。これは、「真っ先に飛び出す奴に付いていけば、餌のあるところに案内してもらえる」ことを示している。

面白いことに、若鳥は捕獲されていなくても飛び立ちが遅い傾向がある。真っ先に餌を探知するには経験がいるということか、それとも早く行ったところで大人たちに邪魔されて餌なんか食えないということだろうか？

いずれにせよ、集団を作るメリットは「捕食者を見張るため」「効率よく餌を採るため」が大きい。もう一つ、繁殖に関わる集団というのもあるが、これについては後で述べよう。

分け合わないほうが生きやすいヤツら

さて、群れを作るのは「そのほうが生き残れるから」だと書いた。一方、群れることによる損失というものもある。数が増えることにメリットしかないなら、全ての動物が無限に大きな群れを作るはずだからだ。だが、群れを作るにしても適当なサイズで止まるということは、どこかに制約がかかっている、ということである。では、何頭の集団から損になるだろうか？

これは状況次第だが、１００頭かもしれないし、10頭かもしれない。もし1頭より多いと損だ、という場合なら、その動物は常に単独でいる方が有利だ。つまり、群れない動物がいるなら、群れない理由もまた、「その方が生き残れるから」ということになる。なんだか禅問答みたいだが、これは種によって生活史が違う以上、仕方ないことだ。

群れない理由が明確なのはフクロウやモズである。彼らは基本、単独行動するが、繁殖期だけはオスメスで広い縄張りを作り、一緒に暮らす。そして、子育てが終わると別れる。聞いた話だが、フクロウのメスは金切り声を上げてオスを追い出すという。

彼らは基本的に単独で餌を待ち伏せるハンターだから、同じ場所に他個体がいると困るのだ。自分の取り分が減ってしまうし、猟場を荒らされるのも嫌だろう。繁殖期だけは子育てのためにペアが協力するが、**子育てが終わればさっさと自分のテリトリーに引っ込んで別居してほしい**

鳥類の代表的な群れないヤツら

わけだ。

これをもっと徹底しているのはトラやヒョウで、交尾したらオスは姿を消す。9章で触れるが、哺乳類と鳥類ではオスの子育てへの関与が違うせいだ。同じ大型ネコ科動物でも、草原で獲物を追うライオンはプライドと呼ばれる集団を作る。ライオンは複数個体が協力体制を作って、追い出したり待ち伏せたり、というスタイルで狩りをするので、ネコ科としては珍しく、集団を作っている。オオカミもシカなど比較的大型の獲物を、集団で追いかけて捕食する。

一方、比較的小型の獲物を、自力で走って追いかけるチーターは群れにならない。ただし、血縁のある個体が小さな群れを作ることはある。

餌のために群れる場合、「みんなで協力すればたくさん（あるいは大きな）獲物が獲れる」という利点はあるのだが、一方で「みんなで分け合わないといけない」という問題もある。**つまり、協力することで増える餌量が、分け合うことで目減りする分を上回らなくてはいけない。**前述したクロコンドルが他個体に付いてゆくのも、大型動物が死んでいればみんなで食べても大丈夫、という利点あってのことだ。先着した個体が食べ尽くしてしまうような小さな餌しかなければ、付いて行くメリットがない。

また、ライオンにしろオオカミにしろ、血縁個体が多いので、協力体制がとりやすいという点も重要である。ライオンの群れはオスを中心にしたグループのように見えるが、実のところ、中心になっているのは血縁のあるメスたちだ。オスはプライドに来ては去ってゆく、いわば遺伝子を提供するための食客みたいなものである。

ディズニー映画『ライオン・キング』では主人公のオス、シンバが群れを追い出され、最後は宿敵に勝って群れに戻ってくる。だが、実際にはこういうことは起こらない。自分の生まれた群れにいるメスは、ほぼ100％の確率で自分の血縁者、つまり姉、妹、母、叔母などだからだ。そんなところで繁殖したら近親交配が進む一方である。

要するに、群れが成立するのは、群れることでよほど利益を増やせる場合か、血縁者だから助け合おうとする場合か、ざっくり言えば、そのどちらかの場合がほとんどだ。そうでない場合はデメリットが大きくなってしまい、群れる意味がなくなる。

群れないと寂しくて繁殖しないフラミンゴ

さて、社会性の動物には、強烈な「群れたい」という欲求があるようだ。また、群れることによって得られる刺激……おそらく視覚、聴覚、嗅覚、触覚などの物理的な五感によって、行動が変化する例も知られている。

一例はフラミンゴである。**彼らは水辺に大集団を作って繁殖するが、集団が小さいと繁殖を**

始めようとしない。フラミンゴは大きくて派手な色の鳥だ。どこにいようがその存在がバレバレなので、小集団で営巣したら一瞬で捕食者に目をつけられ、卵は食い尽くされてしまうだろう。集団が大きくなると捕食者も手を出しにくいし、コロニーの外側から順に食べていっても食べ尽くす前に子育てのほうが終わる。つまり、それくらい巨大なコロニーでないと成功がおぼつかないのである。

一体何羽になればフラミンゴが「繁殖してもいい」と判断するかはわからないが、動物園程度の個体数では、フラミンゴは繁殖してくれない場合がある。**そういう時、ケージの一部を鏡面にするだけで効果があった、という例が知られている。鏡に映ることで、見た目には集団の数が増えたように感じられるからだろう。**

群れて繁殖する鳥たちは、仲間がいる場所を繁殖場所に選ぼうとする。だから、絶滅が危惧される鳥を繁殖させたい場合、この習性を利用して鳥を繁殖地に呼ぶという手段を使うことがある。

例えば、伊豆諸島の鳥島ではアホウドリの繁殖地を島内の別の場所に誘導したことがある。鳥島でアホウドリが代々繁殖してきた場所は、次第に土壌が侵食され、崩落の危険があったからだ。同じ島内の、もっと平坦な場所ならば安全である。

アホウドリはかつて、数え切れないほど生息していた。一斉に飛び立つと、島が浮き上がるように見えたという。だが、明治時代から昭和初期にかけて日本人が羽毛を採るために捕殺し、絶滅寸前まで追い込んでしまった歴史がある。今は5000羽ほどまで回復したとはいえ、繁殖地は鳥島と尖閣諸島しかなかった。だから、鳥島の中で安全を確保するのは絶滅を回避するために必須だったのだ。

この時は環境省と山階鳥類研究所や東邦大学が協力し、本物そっくりのアホウドリのデコイ（おとり）を新たな繁殖地に並べ、スピーカーから鳴き声を流して、そこで繁殖する個体が何羽もいるように見せかけた。長年同じ場所で繁殖してきた成鳥たちは新しい場所に行かないかもしれないが、これから鳥島で繁殖する若い鳥たちは、呼び込むことができるかもしれない。

この計画は1992年から実施され、1996年にはアホウドリの産卵が確認された。

さらに、繁殖する島を増やす試みもなされている。鳥島は火山島で、噴火すると繁殖地が一挙に失われる恐れがある。また、伝染病が発生した場合など、繁殖地が集中しているとこれまた全滅の恐れがある。**将来も無事に生き続けるためには、繁殖地が分散していた方がいい。**

そのため、小笠原諸島の聟島《むこ》にアホウドリを呼ぶ計画が進行中だ。聟島ではかつてアホウドリが繁殖していたが、やはり乱獲によって絶滅してしまった。そこで、鳥島から運んだ雛を聟島で育て、そこから巣立たせている。聟島育ちのアホウドリたちは無事、数年後に島に戻り、繁殖を始めている。

もっと身近なところでは、東京都にコアジサシの繁殖地を作る「リトルターン・プロジェクト」でも、デコイは用いられている。コアジサシは広い天然の砂浜に繁殖していた鳥だが、東京湾にはもはや営巣できる砂浜がなくなり、地域個体群（その地域の繁殖集団）が消滅する恐れがあった。そのため、大田区の水再生工場の屋上に砂利を敷き詰め、そこをコアジサシに提供する試みである。

ここではコアジサシの定着を促すため、彼らが飛来する4月になると、ボランティアスタッフが手作りしたデコイを並べ、コアジサシを呼び寄せている。私も現場を見たことがあるが、遠目には確かにコアジサシに見え、しばしば騙されてしまった。

コアジサシは砂浜の地上に営巣する鳥だ。卵や雛は見事な保護色だが、親鳥は丸見えだから、執

コアジサシとデコイ
仲間がいると安心する

念深く探せば見つけられてしまう。実際、カラスやカモメなどによる捕食は後を絶たない。繁殖地に踏み込むと集団で頭上を飛び回って威嚇するので、確かに群れることで防衛力も上げているが、集団繁殖の理由はたぶん、それだけではない。**捕食者に対してあまりに攻撃力が低いからだ**（もちろん嫌がらせ程度であっても、やらないよりはマシなのだが）。

彼らは集団で一斉に繁殖することで、やって来る捕食者の食欲を上回る数の卵を産み、「食い尽くせるものなら食い尽くしてみやがれ」という防衛戦略も取っているのだろう。

そういう意味では、十分な数の親鳥と、その親鳥が一斉に繁殖するための広い場所、そしてそれだけの鳥を賄う豊富な餌がなければ、コアジサシの将来は安泰ではない。

厳密なカモメ、ゆるいカラス

集団になると困ることが一つある。

誰が誰だかわからなくなることだ。

人間が把握できる「親しい友達」はせいぜい100人から250人くらい、という説がある。もちろん、人間は訓練や経験によって、もっとたくさんの人の顔と名前を記憶はできる。学校の先生は卒業生を呆れるほど覚えているものだし、ニホンザルの調査チームを率いているH君は過去20年くらいの参加者をほとんど全部覚えているという驚異的な記憶力の持ち主だ（もっとも、彼はサルの顔を覚えるように、人間の顔の特徴を意識的に覚えているそうだが）。

だが、一般に「お互いによく知っていて、顔と名前と声がパッと一致する」相手はそんなに多くないのが普通である。人類学者のロビン・ダンバーは、ヒトという生物種の作る集団の個体数が150頭程度だったからではないかと考えている。せいぜい250個体分の記憶があればお釣りがくるから、それ以上のメモリーは用意していない――そう考えれば納得できる説である（実際にはもっと記憶できるとか、150人程度の集団では狩猟採集生活が成立し難いとか、反論はある）。

これはニホンザルでも起こっている。ニホンザルは群れの中の個体を識別しており、その順位や自分との関係性も把握している。だが、その集団は多くて100頭くらいだ。大分県の高崎山では餌付けによって800頭もの巨大な群れができたことがあるのだが、このサイズになると、格上の相手にでも喧嘩を売る個体が出てくる。これは、集団サイズが大きすぎてもはや覚え切れなかったからだろうといわれている。

さて、友達を忘れていても、まあ不利益はあるだろうが、「お前しっかりしろよ」で済む話ではある。だが、生物の基本のキを考えると、決して間違ってはならない相手がいる。自分の子どもだ。**自身と共通の遺伝子を持った子孫を残すのが生物の基本だから、赤の他人を間違っ**

て世話し、肝心の自分の子どもを放棄してしまったら話にならない。

集団で繁殖する鳥の場合、自分の子どもをどうやって見分けているのだろう。

鳥の場合、巣の位置が基準になるのが基本だ。巣を覚えておきさえすれば、卵は巣から出歩いたりしないいし、雛も普通は巣から出ない。だが、早成性の鳥の場合、孵化した直後から雛は歩ける。つまり、巣から出てしまえる。そしてまずいことに、カモメなどの場合、巣は地上にあって外へと歩いて行けるし、集団繁殖するから隣の巣にもすぐ到着してしまう。一方、雛は親鳥から当分の間、餌をもらい続けなくてはいけない。飛べない限り、海に行って魚を捕ることはできないのだ。

こういう時、カモメは非情である。他人の雛が自分の巣に入ろうとしても、異物とみなしてつつき回し、結果として殺してしまうことも厭わない。風間健太郎らの研究によると、孵化後1〜3日の雛と8〜10日の雛を比較すると、若い雛の方が受け入れられやすいようだ、とのこと。おそらく音声コミュニケーションが発達すると、我が子の識別精度が上がるのだが、赤の他人が来てしまう可能性があるからこそ、それを排除する識別機能も発達したのだろう。

その点、「自分の縄張りには自分の巣しかないいし、その巣にいるのは自分の子ども」という判断しかしないのがハシブトガラスだ。**あれほど攻撃的に見えるのに、子どもには甘い、とい**

うか、**「よその子がいるから注意しよう」という意識が最初からない**。上野公園でカラスの繁殖を調査した福田道雄によると、1980年代の上野公園には10メートルおきにハシブトガラスの巣があるほどで、巣立ち前後の雛が枝を伝い歩いて隣の巣に入ってしまうこともあったという（ハシブトガラスの雛は巣から出たり入ったりを繰り返しながら巣立つ）。

こういう時、隣の子がちゃっかり一緒に餌をもらっていたりしたそうである。私が子どもの時も、その辺で会った初対面の子どもが家に付いてきて一緒におやつを食べていることがしばしばあったので、なんとなく親近感を覚える。

群れすぎてはぐれちゃうペンギン

さて、集団繁殖する鳥の中で最も困りそうなのがペンギン、特にコウテイペンギンだ。彼らは南極の氷雪の中で繁殖するので、巣を作らず、オスが足の上に卵を乗せ、2カ月間立ったまま卵を温める。足に乗せるのはもう一種、オウサマペンギンがいるが、他のペンギンは巣を作る。**だいたい、他のペンギンはそこまでクソ寒いところでは繁殖しない**。

18種いるペンギンのうち、南極を主な繁殖場所としているのはアデリーペンギンとコウテイペンギンだけだ。アデリーペンギンは南極とはいえまだしも温暖な夏の間に繁殖するが、コウテイペンギンは、日も昇らない極寒の冬に産卵する。ちなみに、卵を抱いている間は絶食状態なので、代謝を下げて半ば冬眠したような状態で耐えている。

2カ月におよぶ抱卵期間の末に雛が生まれると、親は雛を置いて餌を採りにゆく。しかし、ペンギンが餌を採るには海に入らなくてはならず、そのためには氷に覆われていない開水面が必要だ。氷が広がった、氷群が押し寄せたといった場合、ペンギンたちは延々と歩いて水面を探さなくてはいけない。よって、餌を採りに行ってから戻ってくるまで数日、時にはもっとかかることもある。

その間、雛たちはクレイシと呼ばれる養育地で集団を作り、身を寄せ合って寒

クレイシにいるペンギンの雛
外側は寒いから誰だってイヤ

さを避けながら待っている。そして、親が戻ってくると、先を争って餌を受け取ろうとする。

　さあ、この時、どうやって自分の子どもを見分けるか？　場所を覚えておくのは無理だ。**彼らはできるだけ集団の内側に入ろうとする。外周部は風の直撃を受けるから寒いのである。**そのため、モゾモゾ動きながら位置が変わってゆく。

匂い、も難しい。鳥は昔思われていたほど嗅覚がないわけではないことがわかっているが、ペンギンについてはケモセンス（化学的感覚）が非常に怪しい。**彼らは味覚すら退化しており、甘味も旨味も感じないのだ。わかるのは塩味と酸味だけである。**

　魚を捕えるためのトゲトゲの舌では味もへったくれもないのか、魚丸呑み生活ではどのみち大した味覚はいらないのか、低温で味蕾《みらい》がうまく働かないから退化したのか。そういう状況で、同じく化学受容体である嗅覚がちゃんと働くかどうか？　まあ鼻腔で空気を温めれば多少は大丈夫かもしれないが……。

　現時点でペンギンが使っていると考えられているのは聴覚だ。親鳥と雛は孵化する前から鳴き交わしており（孵化直前の卵とはつまり、「卵の中に完全に成長した雛がいる」状態なので、鳴くこともできる）、生まれた時点からお互いの声を覚えておくのは可能だと考えられる。実際、彼らはクレイシに戻ってくると盛んに鳴き声を上げ、お互いの声を探しているような行動を見せる。

当然だが、この時に親とうまく出合えないと餌がもらえず、生死に関わる。雛がねだっても、よその親は決して餌を吐き戻してはくれない。**冷たいようだが、彼らにも育てるべき自分の子どもがいて、餌は自分の子どもの腹を満たすにも足りないほどしかなく、他人に分け与えている余裕はないのだ。**

といって数が少ないと凍死、あるいはトウゾクカモメに次々に捕食されて全滅、といった恐れがあり、親とはぐれる危険とその他の危険を天秤《てんびん》にかけた、ギリギリの生存戦略がクレイシということなのだろう。

ふわふわでモコモコの姿の下で、ペンギンの雛たちも命がけなのである。

群れにリーダーは意外と必要ない

人間は組織論やリーダー論がむやみに好きだ。電車の中で広告を見ていると、そういう啓発本がやたらと目につく。ちなみに組織論はどうか知らないが、金もうけの早道については、そういう啓発本をやすやすと買わされたりしないのが一番だと思う。

さて、人間の集団には社会的なリーダーがいることが多い。だが、動物の場合、そういった「リーダー」や「命令系統」が存在するとは考えにくい場合がしばしばある。

かつて、ニホンザルはボスザルを中心とした社会システムがあると考えられたことがあった。だが、これは１９６０年代あたりの想定で、現在は野生状態のニホンザルにそのまま当てはめられるモデルではないことがわかっている。だが、一般にはまだまだ「ボスザルは群れに君臨してメスと子どもを守っている」「ワカモノはボスの命令によって集団を守る」といった説が信じられているかもしれない。

もちろん、そういう状況が生じることもないわけではない。初期のニホンザルの研究は餌付け群を対象に行われたから、餌が極度に集中していたのである。そういう場所では、優位個体がやすやすと餌を独占できる。

その結果、優位個体を中心に、周囲を他のサルが取り巻くような構造ができる。メスや子どもはまだしも近くにいられるが、劣位のオスは「餌待ち」の列のはるか後ろだ。その結果、中心にボスザル、それからメスと子ども、中堅クラスのオスザル、周辺部に若いオスという形が生まれる。

だが、野外ではこんな独占は不可能だ。**餌はそこら中に分散しているから、「この木に実っている果実はオレのものだ！」と頑張ったところで、隣の木に登られたらおしまいである。**こういう状況では優位なサルの利点は極めて小さくなることが、その後の野生ニホンザルの研究でわかってきた。

餌の獲得量も大して変わらないし、アルファオス（いわゆる「ボス」）だからってたくさん子孫が残るというわけでもない。アルファオスの利点は、あったとしても小さいのだ。

この辺りは人間の側の事情もあるだろう。動物の社会に法則性やシステムを見つけ出すのがはやった時代ということもあるだろうし、無意識のうちに会社組織や軍隊のような、「中央に指令を出す大人のオスがいて女・子どもを守り、当然、重要な役職に応じた報酬を得ている。若い間は下積みとして集団に奉仕する」という構図を思い描いてしまった、ということもあるかもしれない。

カラスの集団になると、さらに烏合《うごう》の衆である。日本で繁殖するハシブトガラス、ハシボソガラスの集団には明確な順位はあるが、**その順位は「俺より先に餌を食うな」というだけのことだ。**優位個体が口いっぱいに餌を詰め込み、どこかに隠しに行っている間に、他の個体も餌を食べることができる。

もちろん優位個体は戻ってき次第「お前どけ」と言えるから有利ではあるのだが、決して「お前は見張りをしていろ、お前はそっちだ」と命令できるわけではない。

集団内のカラスはそれぞれが「餌食べたい」と思っているだけだ。後ろで見張っているように見えるのは、「食べたいけど今行ったら優位個体にいじめられる」と思って順番待ちをしている個体か、さもなければ「あの餌が欲しいがどうも不安だ、誰かが降りて安全だとわかるまで待っていよう」という慎重な（そして待っていられるくらい栄養状態のいい）個体である。

その証拠に、朝一番にゴミに飛来するカラスを見ていると、先陣を切って採餌する個体が食べていられる時間は決して長くない。すぐに他の個体が降りて来て、採餌場所を分捕られてしまうからである。つまり、最初に降りて来るのは「地上に降りるのは不安だが、あまりに空腹で待っていられない」という個体で、つまりは慢性的に空腹な劣位個体なのだと推測している。この1羽、あるいは数羽が安全に食べているのを見定めてから、ほかのカラスが降りてくる。

これは結果としては、劣位個体が斥候《せっこう》（偵察役）を務めたことになる。だが、彼らにそういう命令系統という意識はないだろう。**リーダーを作って統制しなければダメだと考える人間のほうが、動物の中では、たぶんレアケースである。**

9.「亭主関白」と「恐妻家」

ライオンのオスはトロフィー・ハズバンド

オスもメスも基本は自力で生きている

夫婦は健やかなる時も病める時もお互いを愛し、敬い、共に生きて行く……というのはキリスト教の結婚式の誓いの言葉だが、まあ、現代的にはこういうのが一つの理想、一般的に「公言してもまずは突っ込まれない」状態ではあるだろう。

いや、なんだか嫌味な書き方をしてしまったが、別に反対しているわけでは全然ない。単に、動物に関する原稿ばかり書いていたせいで、「人間は社会的な取り決めが多くて面倒だよねえ」と思ってしまっただけである。

オスメスがペアを作って一生寄り添うというのは、決して生物の「普通の姿」とは限らない。人間にも様々な生き方があるが、まして種の異なる生物となればその生き様、繁殖の形態は多様である。人間との対比としては「婚姻の形態」とでも書くべきなのだろうが、そもそも婚姻という概念が、かなり人間的なものであることは忘れてはいけない。

第一、つがい関係が長期間持続するという例が、そんなに多くない。動物のオスとメスが一緒にいる第一の理由は、次世代へ遺伝子を受け渡すためだ。次に、子育てのためである。**となると、受精すれば、あるいは子どもが独立すれば、一緒にいなくてもいい。**

よくよく考えてみたら、人間の考える「夫婦」という形式は、2個体の大人の生活と、子育てとを一緒にして語っている。もっともヒトという種の場合、家族の存在は生物学的にバックグラウンドがありそうだ。

ヒトのように閉経後の「老後」が長い生物は珍しいのだが、おばあちゃんの存在が子や孫の生存性や繁殖成功を高めたといわれている（最近、シャチでも確認された）。現在、ヒトの繁殖集団のあり方は家族という形で認識されているが、それが動物一般に通用するかどうかは、また別だ。

日本の歴史の中でも、平安時代の上流階級では通い婚が普通だったから「夫婦がいつも一緒にいる」という状況ではなかった。江戸時代の殿様だって自分は表、御台所《みだいどころ》は奥と城内で別居状態だし、子育ては乳母や下女がつくのが当たり前、実の親子で家族単位の生活とは言い難い。

それが現代の感覚でいいか悪いかは別として、「それでも子孫は残る」のである。

まして、オスメスの出合い方や関係性は様々だ。

さだまさしの名曲に『関白宣言』がある。後年の曲にはこれを受けて歌った『関白失脚』もある。動物の場合、「亭主関白」の代表格に見えるのが、ライオンだ。

ライオンはプライドと呼ばれる集団を作る。プライドは1頭ないし数頭のオスと、それより多いメス、そして子どもで構成されている。で、このオスは何をするかというと、お隣さんや流れ者のオスと喧嘩するだけで、ほぼ何もしない。狩りの時も主役ではない。

狩りの重要な部分を務め、獲物を仕留めているのはだいたいメスだ。ところが、そうやって手に入れた餌を真っ先に食べているのはオスである。関白宣言どころか髪結いの亭主、いやもう、横暴なヒモ男としか見えない。

だが、集団単位で考えると、主役はそもそもメスなのだ。子育ても狩りもメスの仕事だし、最近の研究では、縄張りを守るのも実際はメスの貢献が大きいことがわかってきた。**オスの仕事は遺伝子を提供し、立派なタテガミを遺伝させることくらいだ。**タテガミが立派なオスは押し出しが強いので、将来プライドの主となり、子孫を残せる確率が高まる。

はっきり言えば、オスの仕事はそれだけである。**つまりは飼い殺しのトロフィー・ハズバンド、「アンタの取り柄は見た目だけなんだから、せめて子どもたちには遺伝させてよね。そのために上げ膳据え膳で大きな顔させてやってるんだから」というあたりが、メスの本音かと思われる。**

実際、ライオンのオスは何年かするとフラッとプライドを出てゆき、他のプライドに移って

しまう。ザ・ハイロウズというバンドに『荒野はるかに』という曲があって、「はるかな荒野が俺を呼んでるぜ、お前は幸せになりな」というような内容なのだが、プライドを渡り歩くオスの気分としてはそんな感じかもしれない。この流れ者人生に憧れるか、むなしいと思うかは、見る人の自由である。ちなみにこれを聞いた友人（女）は呆れた様子で「勝手な奴やなー」と笑った。

そもそも、ペアってなんですか？

魚の場合、そもそもオスメスのつがい関係なんてものはあるのか？という例が、しばしばある。彼らは体外受精で、メスは水中に卵を放出し、オスは精子を放出して、あとは水中で勝手に卵と精子が出合うのを待つ、という方法をとる。

オスメス1匹ずつで産卵する場合はまだペアと呼べるだろうが、魚は集団で産卵することもあるので、そうなるとあたりは卵と精子だらけになり、一体どれが誰のやらわかったものではない。つまり、「相手を選ぶ」という手順そのものが成立しにくくなる。

そうなると手間暇かけてペアの相手を品定めする動物の立場がないが、まあ、効率で考えれば、これも悪い方法ではない。ペアの相手をじっくり選ぶのは、子どもや卵の数が少ないからなのだ。少数生産だけに手間暇をかけて、確実に残るようにする。

一方、何千個、何万個と卵を産んで、「この群れには優秀なオスも混じってるだろうし、何個かはそいつの精子に当たるんじゃない？」という戦略も、魚なら可能なのである。

ドジョウは産卵のために集まってくるだけでなく、メスの方がオスより大きいので、1匹のメスに対して2、3匹のオスが巻きつきながら産卵・受精を行っている。卵を大量に生産するにはそれなりの栄養が必要で、となると体も大きくなければ不可能だ。よってメスは大きくならないとたくさん卵を産めない。

一方、精子は卵に比べて圧倒的に小さくて安価なので、体が小さくても構わない。**オスは無理に大きくなろうとも、育つまで待とうともせず、とにかくメスがいたら産卵に参加しようとするのである。形式としては乱婚な上、ペアですらない。**

また、魚類の場合、産卵してから水中で受精させるがゆえに、「こっそり紛れ込む」という手まで使える。川を遡ったサケが産卵する時はオスメスがペアになっているが、その時、他のオスも寄ってくることがある。一緒に放精してしまえば、受精を止める方法はないからだ。

サケも含め、魚類のオスには遺伝的に体が小さく、体つきもメスっぽいタイプが生じる場合がある。こういうタイプは「スニーカー」という。

スニーカーとは「忍び寄るもの」という意味だが（靴のスニーカーも足音がしないところか

ら、こう名付けられている）、他個体が産卵しているところに紛れ込み、あわよくば受精させようという繁殖戦略を取る個体のことだ。サケのスニーカーは自分をメスに見せかけてオスの攻撃を避けつつ産卵しようとするペアに近づき、精子だけばらまいて逃げるのである。

もちろんこの方法はあまり効率がよくない。だが、ライバルのオスと戦う必要がないため、体が小さくてもいい、という利点がある。また、一般論としては、年若くて体が小さい時から繁殖を始められるという利点もある。**いつ死ぬかわからない動物の世界では、とにかく早くから繁殖を始めた方がいい、という大原則もあるのだ。**

サケのペアに近づくスニーカー（一番下）
これぞ、弱者の戦略！

これは体外受精の動物の特権である。体内受精の場合、交尾しないと始まらないので、オスはどんな理由でもいいからメスに認めてもらわない限り、繁殖のチャンスがない。

動物がペアを作るのは、確実に相手の遺伝子が欲しい場合と、労働力が必要な場合である。

カラスが教えてくれた、食い気に勝る色恋なし

大学院にいたころ、京都でハシボソガラスを観察していて、奇妙な行動を見たことがあった。それは賀茂川の堤防の上に置かれた、イヌの餌の残りだった。近所の人がイヌの食べ残しを持って堤防に上がり、鳥にでも与えるつもりだったのだろう、犬まんまを石の上に空けて行った。近くにカラスがいたので、「これは食べに来るな」と思って見ていると、案の定、あっという間に舞い降りてきた。ほとんど警戒しなかったところを見ると、おそらく「いつも餌を置いていく人」だったのであろう。

さて、そのカラスは一応、観察対象だったので、繁殖ステージを把握していた。今来ているのはオスで、メスは巣の仕上げにかかっているはずだ。ここのペアは明らかに体サイズが違うし、嘴の形にも特徴があったので、雌雄の区別は一応、つけられたのである。

餌は犬まんま、つまりは雑炊みたいなものである。主に米粒、それから具として刻んだチク

ワなどが入っているのが見えた。カラスは何から食べるだろう。やはりチクワか？　米よりは高タンパクで高カロリーが狙えそうだし。

そう思っていたら、このオスは意外な行動をとった。具をよけて、米ばかりをパクパク食べ、そのまま飛び去ったのである。どこかに貯食したらしく、戻って来たオスは再び米粒を優先して食べて行った。

おかしい、こいつらはそんなに米飯が好きだったか？　首をかしげながら見ていると、今度はメスが来た。そして、オスが食べ残したチクワを拾ってパクパク食べてしまった。

これはどう解釈すべきだろう？　**もしや、産卵を控えたメスには栄養をつけてもらわなければならないので、オスは粗食に甘んじて、メスにご馳走を食べさせるのか？**

確かに、鳥にはオスからメスへの求愛給餌を行うものがあり、カラスもその一つだ。すると、「これは残しておくから君が食べるといいよ」という非対称なシェアも、求愛給餌の一種かも？　だとしたらなかなか面白い観察である。これは何か研究テーマになるのではないか。しかも、そういう条件であれば実験的に作り出せるはずだ。

翌日、私は食パンと魚肉ソーセージを刻み、タッパーに入れて下鴨神社へと向かった。下鴨神社にいる顔なじみのハシボソガラスのペア、オスのαとメスのβを相手に、再現実験をするためである。

初日は2羽とも警戒してなかなか近寄らず、結局、1時間近く待ってからβだけが食べに来た。これでは比較にならないので、翌日またやってみた。

今度は全く違った。昨日で「こいつは餌をくれる」と覚えたのか、βは私が縄張りに入る前からお出迎えに来ていた。そして、この時はαもすぐに近づいて来て、枝に止まったままこちらを伺っていた。

さて、実験を開始。まずβが餌に近づき、ソーセージを食べ始めた。途端、αが舞い降りてくると、あろうことか、採餌中のβに「ガッ」と威嚇声を発して追い払った。そして、ソーセージを独り占めしてパクパク食べ始めたのである。βは諦めきれずに周囲をうろうろしていたが、口いっぱいにソーセージを詰め込んだαが貯食に行った隙に、ソーセージをまた口にした。

ところがほんの30秒ほどで戻って来たαは再び嫁さんを追い払い、ソーセージをパクパク食べ続けるのである。それどころではない。βがそれではと食パンを食べようとすると、αは素早く駆け寄って追い払い、食パンも自分のものにしようとしたのだ。βが「え、じゃあこっちは食べないの？」と残ったソーセージに行こうとすると、もちろん、さらに激しく怒る。

結局、αはソーセージと食パンの間を行き来して、ほぼ全てを独り占めしてしまった。

この非道ぶりには私もいささか驚いた。賀茂川の堤防にいたカラスとは大違いだ。αはもっといい奴だと思っていたのに。

この後、何度やってもαとβはこんな調子だった。オスの優しさはどうやら極めて特殊、あるいは条件が限定的なようで、一般論ではなかったようだ。どうも面白い結果にはなりそうにもないので、この研究は諦めたのだった。

なお、カラスを弁護しておくと、彼らは抱卵中のメスにはかいがいしく餌を運ぶし、求愛する時には口移しで餌を渡していることもよくある。ただ、「いつでも嫁さんファースト」というわけではない。

オシドリはおしどり夫婦じゃないはずが?

こんなことをしているカラスたちだが、喧嘩別れはしないのか?

カラスの夫婦は鳥としてはつがい関係が長続きするようだ。とはいえ、繁殖個体を標識して識別するのは極めて難しく(繁殖しているカラスは自分の縄張りをよく知っているから、罠なんかすぐ見抜いてしまう)、なかなか確証は得にくいのだが、少なくともオーストラリアのミナミワタリガラスでは離婚が見つからなかった、という報告はある。

いや、αとβだって、確証はないながら、7年はペアが持続したように思えた。知り合いの某画家さんのところも、奥さんが「この大タコ!」などと怒りながらも大変に仲が良いので、まあ、夫婦とはそういうものであるかもしれない。

ところで、夫婦円満の代表格みたいな言葉として、「おしどり夫婦」がある。これはオシドリのペアが仲むつまじく、いつも一緒にいることからできた言葉だ。冬の間、オシドリに限らず、カモの仲間はオスメスがぴったり寄り添っていることが多い。

だが、これはメスを他のオスから守るためである。カモのオスたちは1羽で泳いでいるメスを見つけると、集まって来て取り囲み、「オレと付き合え」とアピールする。結果として（イルカと同じく）メスが集団に小突き回されることになって、ストレスも増えるし、十分な餌も採れない。道頓堀の「ナンパ橋」のようなものである。そのため、オスが横に

オシドリのメイトガード
決して束縛ではありません

つきそってメイトガードをしているわけだ。

ところがその後、巣作りあたりまで見届けたオシドリのオスは、プイと姿を消してしまう。以後、子育てするのはメスだけである。オスはその間、オスだけで小さな群れを作って過ごしている。これが「おしどり夫婦っていうけど、本当は全然違うんですよ！」という鳥類学にまつわる有名な小噺であった。私も本に書いた。

ところが、オシドリに標識し、何年も継続して多くの観察記録をとったという研究が、最近発表された。それによると、夏の間メスのもとを去ったオスは、秋になると再び同じメスのところに戻り、求愛し、エスコートしている例が少なからずあったのである！

オシドリのオスたちは行きずりの薄情者揃いではなかった。子育てこそしないが、同じメスと何年も連れ添う、本当の「おしどり夫婦」の場合もあったのだ。もちろん別のメスとペアになってしまうこともあるのだが、それがデフォルトというわけでもないようだ。

ついでに、離婚が少ないらしいカラス類でも「これ離婚じゃないの？」という例は見た。さっきのαとβだが、2年ほど他の調査をした後、久しぶりに彼らの縄張りに顔を出したら、βがいなくなっていたのである。代わりにどう見てもβではない個体がいたので、あれは離婚して再婚したのだと思っている。なお、どうもβではないかと思われる個体も数百メートル離れたところにいて、こっちはこっちで他のオスと一緒になっていた。

αとβは繁殖成績が極めて悪く、観察していた6年ほどの間に雛が巣立ったのは2回だけで、無事に独立できた雛はいなかった可能性がある。巣立ち雛がいなくなった場合、独立したのか死んだのか区別するのは非常に難しいのだが、2回ともハシボソガラスが独立するには消えるのが早すぎたように思う。鳥には巣が捕食されるとペアを組み替えてしまうものがあるが、αとβの場合は、繁殖失敗の多さが離婚の原因であったのかもしれない。

なお、メイトガードに関してカモよりも偏執的なのは甲殻類だ。種によっては出合ったメスを捕まえて持ち運ぶことがある。ヤドカリのオスがメスを貝殻ごと持ち歩いているのは「次の繁殖まで完全エスコートします」という意味だ。タカアシガニもメスを脚で囲い込むようにしていることがある。

ここまでやると、人間の目には愛情深いというより、もうちょっと犯罪的な気配を感じてしまうが、彼らとしては普通の行動である。

鳥につがいが多いのはどうしてか?

哺乳類の「哺」は口に含むこと、あるいは口に含む食物をさす。哺乳類、すなわち「乳を含む」という名が示す通り、哺乳類はメスが母乳を与えて子どもを育てる。現代人なら科学を駆使して人工的に作れるが、そうでない限り、子どもを育てるにはどうしてもメスによる授乳が必要だ。逆に、子育ての初期には、オスはせいぜいガードマンにしかならない。もう少し子どもが大きくなれば、餌を持ってくることもできるのだが。

一方、鳥は哺乳することがない（厳密に言えばハトやフラミンゴは素嚢《そのう》（胃の手前で消化管がふくらんだ部分）からの分泌物を吐き出して雛に与えるが、オスもメスも出せる）。しかも、孵化した雛は、その瞬間から餌を必要とする。鳥は代謝速度が大きい上、雛はものすごい勢いで成長する。小鳥が孵化してから巣立つまでは2週間ほどだが、その日数でほぼ親に近い大きさまで成長してしまうのだ。

人間でもイヌやネコでも、子どもは明らかに親より小さく、その期間がある程度長い。それに比べると、晩成性の鳥は大きさで年齢を測ることが、ほぼできない。晩成性というのは、ヒヨコなどと違って生まれた時はまだ裸で、巣の中で育つ必要がある鳥だ。巣立った時点で体自体は大人とそう変わらない大きさになっており、羽が伸びてしまえば、まず大きさで見分けはつかない。そこまで育つのに、早ければ十数日。非常に大きな鳥でもせいぜい2カ月なのだ。

この成長速度を達成するには、とにかく、ひっきりなしに餌を食わせる必要がある。従って親鳥はものすごいペースで餌を運び続ける。巣立ち直前のツバメの巣を見ていると、親鳥は数分置きに餌を運んでくる。カラスでも、最初は1時間に1回くらいだが、巣立つ頃には15分に

1回くらいのペースになる。

このペースを維持するには、オスとメスが共同したほうが絶対にいい。逃げてしまったら自分の子どもの生存率に悪影響があるなら、これはもう協力するしかない。鳥のオスとメスが一緒にいて、子育てを手伝うのはこういう理由である。必ずしも雌雄の絆が深いとは限らない。

実際、ペアが1年限りという例は少なくない。小型の鳥は死亡率が高いから来年までペアの相手が生きている保証はないし、営巣に失敗するとペアを組み替えてしまうこともある。**メスにとってオスはしばしば「よさそうな縄張りを持った優良物件」という扱いで、繁殖に失敗するようならそれは優良ではなく、そんなケチのついた相手はさっさと切り捨てて次に行くのである。**

ただ、モズのように繁殖期だけ一緒にいるタイプでも、なんとなく近くにいる相手とくっつく傾向はある。というか、繁殖が終わると別居するわけだが、別居はしても隣近所にいることが結構ある。こういう例を見ていると、「子孫が残りさえすれば相手なんか誰でもいい」とまで割り切っているわけでもなさそうではある。

カラスの場合は縄張りが通年維持され、ペアも（おそらく）変わらないのだが、子育てが一段落した秋頃に、求愛給餌や相互羽繕いをしているペアを見る場合がある。求愛給餌は産卵を控えたメスに栄養をつけてもらう、という意味もあるはずだが、子育ての終わった時期に行っても意味がない。ということは、これは繁殖に直接役立っている行動ではない。

産卵から雛の独立まで、子育てという刺激によって抑制されていた求愛行動が再び始まっている、という説明ももちろんできるし、それはそれで正しいようにも思うが、少なくとも結果として、こういった「ペアでいちゃついている」行動は、「ペア・ボンド（ペア間の結びつき）」を強める効果があるのではないか、と考えられている。**彼らの生活にも、どことなく恋愛的な要素はあるわけだ。**

ウグイスやヨシキリの同時的一夫多妻

両親とも子育てする鳥は多いが、なかには「どう見ても貢献が小さい、もしくは何もしない」タイプのオスもいる。**こういう、いってみれば亭主関白な鳥は、一夫多妻のものに多い。**

一夫多妻といっても「1シーズンの間に次々に相手を変えて繁殖する」という連続的一夫多妻と、「同時進行で何股もかけている」同時的一夫多妻とがあるが、ここで取り上げるのは主に同時的一夫多妻、つまり自分の縄張り内に、同時にメスが何羽もいる例である。

オオヨシキリは代表的な同時的一夫多妻制の鳥だ。オスは初夏になると日本に渡来し、ツルヨシなどの茂った草地で、大声でさえずる。ここにメスが来て営巣し、産卵するわけだが、それだけでは終わらない。良い縄張りにはメスが次々にやって来て、それぞれ営巣して産卵し始める。もちろん縄張りの持ち主であるオスとは交尾している。

だが、性比にはほぼ偏りがなく、オスとメスはほぼ同数である。メスが3羽も4羽もいる縄張りがある一方で、メスに相手にされず、一人寂しくさえずっているオスもいるということだ。

さて、人間にも一夫多妻の文化はある。だが、そういう文化圏の人に聞いたところ、「そんなに楽なもんじゃないよ」とのことであった。「金持ちや王様（制度上の王ではなく、かつてその地方を治めていた地方豪族のようなものらしい）は奥さんいっぱいいるけどね……」とのことで、まずは財力が重要らしい。

イスラム圏で一夫多妻を認めているのも、戦争で男が減った時、未婚の女性や未亡人の生活を救済するため、という側面もあったようだ。現代的な考え方なら結婚しなくても生活が成り立つようにすべきだろうが、少なくともかつてのイスラム文化圏では女性が働いて自立するのは難しかったろう。

また、**イスラム圏でも一夫多妻が認められるのは「妻たちを平等に愛すること」という条件つきである。**具体的に言えば、生活や贈り物に差があってはならない、ということだ。だから、第一夫人に何か買ってあげたら、第二、第三夫人にも同等の何かを買い与えなくてはいけない。**「同等」がポイントで、全く同じものだとそれはそれでモメる、という話も聞いたことがある。**

なるほど大変そうである。

ではオオヨシキリの場合はどうかというと、彼らはあからさまに、第一メスとそれ以外の間に差がある。オスは第一メスの子育てはちゃんと手伝うが、第二、第三となると投資が減り、どうかすると全然手伝わないからだ。

私も縄張り内に2巣があるオオヨシキリを観察したことがあるが、オスが給餌するのは一つの巣ばかりで、もう一つの巣はほとんど放ったらかしであった。そっちの巣はメスが1羽で頑張って餌を運んでくるわけだ。

これは妙な話である。第二、第三（あるいはそれ以下）のメスは、オスに手伝ってもらえないにも関わらず、わざわざその地位に甘んじていることになる。だったらいくらでも余っている独身オスのところへ行き、堂々と第一夫人の地位を手に入れることにしては？

だが、ここに、人間と同じ世知辛い条件が立ちはだかる。それは人間でいえば貧富の差、オオヨシキリでは縄張りの質の差である。

オオヨシキリにとって良い縄張りとは、外敵に襲われにくく、水没の危険がなく（ヨシ原は水辺にあることが多いので、増水すると巣ごと沈む恐れがある）、餌が豊富な場所だ。そして、縄張りの質に極端な差がある場合、「良い環境で、自分一人で頑張って子育てする」場合のほうが、「オスが協力してくれるけれど、そもそも縄張りの質が最悪」よりもマシな場合が出てくる。
たとえケチでも大金持ちの男の愛人なら、ド貧乏人の本妻よりはマシだ、という悲しい事実だ。愛情については、この際置いておく。

この徹底した格差社会が、オオヨシキリの一夫多妻の理由である。

日本の鳥で、さらなる亭主関白（？）を貫くのがウグイスだ。オオヨシキリはまだしも第一夫人の子育ては手伝ったが、ウグイスは本当に何もしない。オスが提供するのは良質な縄張り、そして上手な歌である。

ウグイスも同時的一夫多妻で、3羽くらいメスが営巣していることも珍しくない。**だが、ウグイスはどのメスに対しても、一切子育てを手伝わない。亭主関白を通り越してもはや家庭放棄である。**

そうまでして歌のうまいオスのもとにやってくるメスの心理を、「あなたは歌っていてくれれば、それでいいの」と受け取るか、「あんたはどうせ歌ってるだけだから何も期待しちゃいないわよ」と受け取るか、これはちょっと、人間に寄せて考えるのは難しいだろう。生物学的な説明はもちろんあるのだが、それについては次章で述べる。

タマシギのペアは大人の関係？

動物のオスは派手な色彩や歌声でメスを獲得しようとする、というのが一般的だが、なかにはそうではないものもある。鳥で代表的な例が、タマシギだ。

タマシギは全長25センチから30センチほどのずんぐりしたシギの仲間だ。水を入れた水田や、湿った休耕田のようなところを好む。基本的に夜行性で、晴れた日中はあまり動かない。雨が降って薄暗い日なら、昼間でも見かけることがある。

このようにもともと見づらい条件でしか出てこないうえ、近年は数が少なくなっていて、私も姿をちゃんと見たことがほとんどない。鳴き声なら、何度か聞いた覚えがある。ちょっと低い声で、「コォー、コォー、コォー」と繰り返すのが特徴だ。

さて、タマシギの最大の特徴は、オスメスの役割が逆転していることである。いや、こう書くと役割を決めつけているようだが、多くの鳥とは逆だ、ということだ。

まず、メスのほうが体が大きい。これだけなら猛禽もそうだが、嘴に赤い婚姻色が出るほうがメスである。縄張りを作って防衛するのもメスである。夜に鳴くのもメスである。メスはオスのところを訪れて求愛し、交尾する。巣を作るのはメスだが、その巣にメスが産卵すると、オスが卵を抱き始める。

　孵化した雛を連れ歩いて世話するのもオスである。メスの方はというと、産卵を終えるとどこかに行ってしまい、別のオスと交尾してそこでまた卵を産む。つまり、タマシギは連続的な一妻多夫なのだ。

　こういう鳥は多くはないが、一定数が存在する。レンカクという、ひどく足指の長い不思議な鳥も一妻多夫である。この鳥は東南アジアを中心に分布するが、やはりメスが卵を産み逃げするタイプだ。もう一つの珍しい特徴は、雛、および卵までも、

結婚制度には捉われないヤツら

危険が迫ると翼の下に挟み込んで「持って逃げる」という習性である。タマシギも翼の下に子どもを挟み込んで逃げることがある。

この特異な習性は、おそらく、湿地の地上付近に営巣するという特徴が生んだものだろう。そのような環境では水位の変化が必ずある。植生の上であればすぐ水に浸かることはないが、地上にある巣は水位が上がると危険だ。こういう時、子どもごと逃げられれば生存率は高まる。

一妻多夫も、おそらく、環境変動のリスクが高いことへの備えだろう。**メスを抱卵と子育てから解放したということは、メスは繁殖シーズンの間、産卵に専念できるということだ。**他の鳥なら、一腹生んで子育てして、また一腹生んで……とやらなくてはならない。1シーズンに産める卵の数は、卵の生産能力よりも、卵が孵化して雛が育って独立するまでの時間に左右される。

一方、タマシギなら、体力を回復させ次第、次のオスを探して産卵することができる。これによってシーズン内の産卵数は大きくなり、リスキーな環境でもより多くの子孫を残せるようになるだろう。しかも、複数の巣に分散して卵を産むことで、全滅の危険も避けられる。ただし、オスにとってはあまりメリットがあるように思えないのだが。

ところが、タマシギのつがいを丹念に研究した例を見ていると、彼らが本当に一妻多夫なのか、よくわからなくなってくる。

もちろん、「1羽のメスが1シーズン中に何羽ものオスと交尾する」という意味では、確かに一妻多夫である。だが、オスはオスで、子育てを終えればまた他のメスとつがうのだ。繁殖に失敗した場合も、その辺にいるメスとすぐに交尾する。つまり、オス視点で言えば、「1羽のオスが1シーズンに何羽ものメスと交尾する」となり、これでは一夫多妻と同じになってしまう。

しかも、交尾から抱卵初期まではオスメスが仲良く一緒に過ごしていることも知られている。となると、ペアが一緒にいる期間に限れば、彼らは一夫一妻でもあるのだ。

ということで、**タマシギの暮らしは「極めて短い蜜月を持った一夫一妻だが、別れたあとはお互いのことを忘れて他のパートナーと一緒にいる」という表現も可能だ。**こうなってくると、鳥たちの社会をどう表現すべきか、頭がこんがらがってくる。

亭主関白とか恐妻家とかいう、人間の（しかもヒトという種に普遍とも言い難い）用語を安易に使うのは、むしろ不適切なのだろう。

鳥にはそんな面倒な縛りはない。彼らは長年かけて子孫を残す方法を発達させ、その上で、まあだいたいはオスもメスも一方的な不具合のない繁殖成功を実現している。人間が自分たちの基準であれこれと口を挟むのは、大きなお世話というものであろう。

10・「子煩悩」と「放任主義」

カラスの夫婦だって子育てに苦労する

子煩悩というと、人間なら良き家庭人、休日は子どもの相手をしてくれる優しいパパ、みたいなものを考える。私が子どもの頃は、男の子がパパとやることといえば、とりあえずキャッチボールとされていた。

ところが私の父親は到底そういうタイプではなく、一緒にやった記憶があるのは山歩き、化石採集といったところで、それ以外はひたすら水平になっていたい人であった（要するに寝ているのである）。とはいえ、休日の昼になると起きてきて、焼きそば、お好み焼き、たこ焼き、ラーメンなど作ってくれたのだから、決して子どもに無関心だったわけではないだろう。

後々、私は山歩きもやれば料理もするようになったが、球技はほぼ全滅で、特に野球には全く興味がない。幼児体験とは重要なものである。

「本能」にだって学習は必要

さて。**よく「本能」という言葉が使われるが、これは現在、生物学ではあまり使われていな**

い。というのは、説明になっているようで、なっていないからである。

例えば、ガンの雛が猛禽のシルエットを見ると反射的に隠れる行動がある。これは生まれてすぐにできるようになるし、人間が育てても同じような反応を示す。一方、ガンのシルエットなら隠れない。ガンは同種だから慌てる必要がないことを「知って」いるわけだ。この驚異的な、しかも教えられたわけでもなく知っている叡智を、「それがガンの本能なのだよ」と言ったとしよう。

そう言われると納得できる気もするが、これは「驚異的な、しかも教えられたわけでもなく知っている叡智」を「本能」と呼び変えただけである。ガンの見

ハイイロガンの親子
雛がタカを見ると隠れるのは本能か？

せた驚異的な、しかも教えられたわけでもなく知っている叡智に驚いている時、「それがガンの驚異的な、しかも教えられたわけでもなく知っている叡智なのだよ」と言われて納得できるだろうか？

本能という言葉そのものは、何かを説明しているようで何も説明していない、とはそういうことだ。

現代的な言葉でガンの雛の行動を説明すると、この行動はどうやら2段階に分かれている。一つは生得的な反応である。ガンの雛は、最初のうち、何を見ても反射的に隠れる。これは視覚刺激が入力された時に特定の反応が引き起こされ、「地面に伏せる」などの行動を起こすということだ。人間の赤ん坊も手に触れるものをキュッと握ったりするが、そういう反射的な反応を、動物はいろいろと持っている。それ自体は非常に興味深い事象ではあるのだが、同時に一般的なことでもある。

次が「ガンが飛んだ場合は無視する」という学習の形成だ。これは馴化（常に与えられる刺激に対しては反応が鈍る＝馴れる）の一種と考えられている。つまり、ガンの雛が育つ過程で、ガンが飛ぶ姿はしょっちゅう見るのに対し、タカが飛ぶ姿はあまり見かけないのが理由だ。人間が育てた研究例でも、ガンから切り離して育っていたわけではないので、ガンは見慣れていたはずだ。

つまり、「ガンに対する反応がなくなる」の部分は「頻繁に経験する刺激に対しては反応が鈍る」という、生まれつきの脳の構造の問題と、「何を頻繁に見るか」という経験によって形成される。

してみると、これは生得的な構造や反応と、経験による学習が組み合わさった行動ということになる。**本能と呼ばれていたものは、このような生得的な部分と後天的な部分が組み合わさった、一連の行動と考えるのが適当だろう。**これらをまとめて「本能」と呼ぶこともできるのだが、それだけでは「実際に動物の中で何が起こっているのか」という研究には進まない。それが、「本能」という言葉を使わなくなってきた理由である。

多くの動物は学習によって行動を変えることができる。ただし、何を学習するか／できるかは、生得的に決まっている場合が多い。また、一生のうちいつでも学習できるとも限らない。感受期という、情報を受け取って覚える時期が決まっている場合もある。

例えば、ジュウシマツの歌は雛の間に感受期があり、成長してからは基本的に覚えない。一方、自分の歌に他の鳥（鳥とは限らないこともあるが）の鳴きまねを取り込む種だと、感受期が定まっていない場合もある。オーストラリアのコトドリのように、成長してからも、聞いた音を片っ端から――それこそカメラのシャッター音や携帯ゲーム機の電子音まで――覚える鳥もいるからだ。

「こうやってごらん」型の人間、「トライアル&エラー」型の動物

人間が何かを覚える場合、「こうやってごらん」型の教え方をすることが多い。

私は父親が台所に立っている姿を見て目玉焼きの作り方を覚えたのだが、「ちょっと火が強い」「水はこれくらいでええ（父はちょっと水を入れて蓋をする蒸し焼き派で、水を計る時は割った卵の殻を使っていた）」「もうええやろ」といったことは教えてくれた。

ところが、動物では「こうやってごらん」型の教育が見られない。

全ての動物の学習を網羅的に調べたわけではないが、私の知る限り、明確に教えているようには見えないのだ。ただし、子どもが危険なことをしようとした場合に止めることはある。爬虫類などは卵を産みっぱなしにすると思われているかもしれないが、必ずしもそうとは限らない。例えばワニの中には卵を保護し、孵化した後もしばらくは子どもの安全を守るものがある。子ワニを川まで誘導し、流れが強すぎると思ったら体で防波堤を作り、子ワニが乗り越えようとすると流れの緩い方に戻す行動も見せることがある。

もちろん、ネコなどが半殺しの獲物を持ってきて、子どもに「仕留めるところからやってごらん」とでも言っているような餌の与え方をしていることはある。だが、これも「生きた餌を用意する」ところまでで、そこから先「まず様子を見て」「前足で押さえて」「首筋を狙って」

などの教育的指導はしていない。そこは子どもがいろいろやってみて、勝手に覚えるのである。**動物の学習の基本は、このような試行錯誤学習（トライアル&エラー）である。**そういう意味では自ら独学で覚えたのであり、やり方を教わったとは言えない。**これが、やり方のキモをマニュアル化して伝えようとする人間の学習とは違う点であり、おそらく、効率という点では劣っている。**

これがなぜか、を考えるのはやっかいだ。ただ、動物と人間で大きく異なる点の一つは、言語の使用だ。言葉を使わずに未来の予測や仮定の出来事や抽象概念を伝えるのは非常に難しそうである。となると、言葉なしに「これはこうやるんだ、さあやってごらん」と教えるのは困難かもしれない。

もっとも子どもの頃を思い返せば、ジェスチュアだけでもある程度はできるか。第一、人間がなぜ言語なんてものを持つに至ったのかは不明なので、結局は問題を先送りすることになってしまう。

もっとも、人間は言語を持ったことによって細部を見る力を失ったのではないか、という意見もある。チンパンジーはチラ見した絵の細部はよく覚えているのに、「全体として何?」を認識するのが苦手だ。人間は逆で、「人の顔だったのは確かだが、髪型までは見えなかった」というような認識をする。

人間は「人間」「顔」といった抽象化されたカテゴリーを言葉として持っているがゆえに、そのどれに当てはまるかを真っ先に把握しようとする。その結果、カテゴライズに直接関係ないような細かい部分は無視してしまう、という考えである。

とすると、動物では言語による指導がなくても、案外細かいところまでちゃんと見ているのかもしれないが、まあそれは余談だ。細かく見ているからちゃんと学習できる、という証拠はない。

動物の学習が限定的な理由

ただし、試行錯誤学習でも全く「習う」部分がないわけではない。例えば、カラスの巣立ち雛が採餌行動を覚える場合、親のやることを見て「まねて」いる部分は確かにある。

ハシボソガラスの親鳥は何が餌かわかっているし、効率よく探す方法も知っている。だから、地面を見ながら、ドングリや昆虫などを見つけてヒョイヒョイとつまみ上げる。巣立ち雛も地面を見ていろいろとつまみ上げるのだが、だいたいは落ち葉や石ころや枝で、食えるものである割合が極めて低い。

つまり、「地面を見ろ」「適当な大きさの物体を狙え」という部分はわかっているのだ。少なくとも何もない空中を見ているよりは学習が早い。

このように、注意を向けるべき場所や対象くらいまでは、見習うことができる。ただ、そこから先の具体的な部分は自分で覚えるしかない。

これは細かなテクニックの習得でも同じだ。カラスはモンクロシャチホコというガの幼虫を食べることがあるが、この幼虫はかなり大きく、しかも毛がたくさん生えている。別に毒ではないが、物理的にモシャモシャして食べにくそうである。そこで、カラスは幼虫を捕まえると地面に擦り付けて毛を落とし、それから食べようとする。

この「擦って落とす」の部分が、結構難しいようだ。手順としては「頭の、毛のあまり生えていないところを嘴の先でつまむ」「そのまま擦り付ける」「毛が落ちたら爪の先で毛虫を押さえ、端っこから中身を食べる」というものだが、その年生まれの若い個体はうまくできない。くわえようとしては「イテテ」とためらい、足で踏んでは「なんか触るのヤだ」とためらい、ハンドリングしかねているうちにポロッと枝から落としてしまう。そもそも枝の上に持って上がる時点で間違いである。

若い個体が見せる、へっぴり腰での採餌は、成長した個体と比べるとあまりにも拙い(カラスの場合、生まれて1年くらいは口の中に赤みが残るので、若い個体は見ればわかる)。これが試行錯誤の年季の入り方の違いというやつである。

ちなみに1羽だけだが、落ちている枝の下に毛虫を差し入れ、枝を踏むことで毛虫を押さえつけるという方法を思いついたハシブトガラスを観察したことがある。これなら足で直接触る必要がない。すばらしい発明だと思ったが、周囲の個体は誰もやっていなかった。おそらく、広まることなく、観察されることもなく、1個体限りで消えてゆく技は、いろいろあるのだろう。

ちなみにこの天才的なハシブトガラスは、枝ごしに踏んでチマチマ食べているうちに面倒になったのか、最後はパクリと丸呑みしてしまった。**ちょっと待て、丸呑みできるくらいなら踏んでもいいじゃないか!**

ただ、こういう覚え方ではなかなか、技を飛躍させることができない。ハシブトガラスがハシボソガラスの採餌行動を目の前で「観察」しているのを観察したことがあるのだが、この後のハシブトガラスの行動が実に面白かった。

場所は川べりで、ハシボソガラスは水際の石をひっくり返しては水生昆虫を食べている。だが、ハシブトガラスには、こういう「餌があるかないかわからないが、とりあえずひっくり返してみればいい」という認識がどうやら希薄である。「そこに餌がある」という明確な刺激が重要であるらしい。

さて、ハシブトガラスはじっと地面を見つめてから、小石を拾い上げた。次に小枝を拾った。

ハシボソガラスがやっていたように地面の方を見つめてみたが、拾う価値がありそうなものは、それしか見つからなかったのだろう。彼らにとって水際の石は「周りと同じただの石ころ」という理解で、そんなものを操作する理由がわからないのだ。

それからまたハシボソガラスを見て、今度は水面に嘴を近づけた。つまり、「水際や水中を狙え」という部分は理解した。そして、ハシブトガラスが「えい！」とつついたのは、流れてきた泡だった。「水面」まではわかったのに、やはり、石という「変哲もない地面そのもの」が重要なターゲットだとは思えなかったのだろう。

ただし、これは20年前の話。最近、東京のハシブトガラスは公園で落ち葉をめくっていることがある。でもやっぱりハシボソガラスほど巧みではないように見える。

このように、その動物の普段の認識や行動からあまりに外れた行動は、試行錯誤しようにもそもそも「試行」ができず、当然、正解にたどり着くこともなく、なかなか学習されない。

父親の歌のうまさで息子の未来は決まる

鳥の中には鳴禽《めいきん》（ソングバード）と呼ばれるものがある。元々はきれいな声でさえずる鳥を指す言葉だが、学術的には「親鳥のさえずりを学習して覚えるもの」となっている。そのため、ソングバードと呼べるのはスズメ目、インコ・オウム、ハチドリだけだ。

さて、鳥が歌うのはライバルのオスに対して「自分がここにいるから入ってくるな」と縄張りを誇示するためと、周囲のメスに向かって「こんなに歌のうまい僕がいますよ」とアピールするためだ。歌はコストのかかる行動で、複雑な歌を覚える手間もかかるし、大声で歌う体力もいる。

また、高い枝先に止まって歌っていると捕食者にも自分の居場所がバレてしまうので、捕食される危険も高まる。つまり、メスに対して「自分はこれだけ歌う力がある」「こんなに歌っていても死なないサバイバル能力がある」というアピールになる。

となると、メスは歌の良し悪しを、そのオスの能力の指標にしてもよい、ということだ。**かくしてメスはより良い歌を歌うオスを選ぼうとし、オスは選ばれるためにより良い歌を歌おうとする。これが、鳥の歌が進化した理由である。**

ジュウシマツの研究から、メスにはより複雑な歌を好む傾向があることがわかっている。オスの歌を録音し、人為的にアレンジしてより複雑にしてやると、その歌に対してより反応するからだ。歌の複雑化が先か、好みが生じたのが先かはわからないが、とにかく「こういう歌が好き」というメスの好みに従って、歌は複雑化する。

ただし、どこまでも複雑になれるわけではない。先にも書いたように歌にはコストがかかるのだ。歌の制御には大脳の神経核がいくつも関わっているが、エネルギーを食う大脳をむやみに高性能化するわけにもいかない。音を出すためのハードウェアである鳴管《めいかん》も、当然、無制限にどんな音でも出せるわけではない。

さらに、野鳥の場合はもう一つ問題がある。動物行動学者の岡ノ谷一夫らの研究によると、ジュウシマツの原種であるシマキンパラの歌のバリエーションには地域差がある。近縁種がいない地域では、近縁種がいる地域よりも歌のバリエーションが増加するという。というのも、歌には種の識別という大きな役目もあるからだ。

歌のバリエーションを増やすにしても、「私はシマキンパラですよ」とわかる範囲に留めておかないと、繁殖上ではかえって不利になる。**聴衆の期待を裏切りすぎるとファンがついてこなくなるのは人間の歌手と同じ、と言えるだろうか。**

となると、餌と天敵の心配がなく、繁殖相手を呼ぶ必要もない状態なら、歌の進化は最速になるはずだ。その通り、ジュウシマツの歌は原種よりも複雑でバラエティに富み、非常に技巧的である。

ジュウシマツの歌の進化で着目したいのは、彼らは愛玩用に飼育されており、「歌を楽しむ」という飼い方をされていなかったことだ。つまり、人為的に歌のうまい鳥を選抜したわけではなく、制約から解き放たれたジュウシマツが自ら歌を進化させたのである。

鳥の歌を構成する「音」は音素というが、音素が集まったフレーズ、フレーズが集まったメロディーという構造を持っている。ジュウシマツは習わなくても音素を出せるし、フレーズっぽい音素の連なりくらいまでは出すことができる。だから、この辺りは生まれつき持っている、生得的な形質ということになる。

だが、そこから先、フレーズを完成させ、メロディに結晶させることはできない。そのためにはお手本がいる。

だが、鳥が歌い出すのは巣立った後だ。お手本を直接聞きながら歌うことができない。ところが、彼らは雛の間に聞いた成鳥の歌を覚えており、これを思い出しながら自分の歌と照らし合わせ、練習を繰り返して歌えるようになる。つまり、出来上がった歌の完成度は、本人の素質と練習だけで

ウグイスの歌の学習

父から息子へ伝えておきたいこと

なく、お手本がどんな歌だったかにも左右されるわけだ。

鳥が歌を覚える時、普通は父親の歌を手本にする。巣の一番近くで鳴いているのは父親だから、その歌が一番耳に入るはずだ。**これはメスが歌のうまいオスを選ぶ根拠にもなっている。オスの生活能力だけでなく、上手な歌も受け継いでくれれば、生まれた息子もモテモテで子孫繁栄が約束されるからである。**

9章でウグイスのオスの家庭放棄ぶりを書いたが、オスが父親として子どもに伝えているのが、この歌である。ウグイスの雛は父親の歌を聞いて育ち、繁殖のキモとなる歌を学習するのだ。手を取って教えるわけではなく、いわば「父の背中を見て育つ」的な学び方だが、これも重要な学習である。

ちなみに人間がウグイスを飼う場合、歌の上手い師匠につけて育てることで歌を上達させる、という技法があった。かつてはウグイスの学校まであり、1回いくらで対価をとって、歌の上手なウグイスの歌を聞かせていたという。

ホントになんにもしない親

前節では親鳥の密かな教育について書いた。何もしていないように見えて実は教えている、というのはなかなかドラマティックだが、鳥の中にも親鳥が本当に一切何もしない、完全放任主義のものがある。

鳥は巣を作って卵を産み、その卵を抱いて温める。これが常識だが、一つだけ、これが当てはまらないグループがある。ツカツクリの仲間だ。

ツカツクリは漢字で書けば「塚作り」。名前の通り、オスが土や落ち葉を集めて大きなマウンドを作る。例えばヤブツカツクリはシチメンチョウほどの大きさの鳥だが、作る塚は直径数メートルもある。そして、メスがやってくるとこのマウンドに穴を掘って卵を産み、上から落ち葉をかぶせて埋めてしまう。それきり、メスは立ち去って戻らない。

この塚は落ち葉の発酵熱によって暖かくなっているので、卵を抱く必要がない。オスは嘴を差し込んで地温を計っては、落ち葉をどけたり足したりして適温に調整する（砂浜で太陽熱を利用したり、火山地帯で地熱を利用したりする種もある）。こうやって、環境の熱だけで卵を孵化させるわけだ。

なんでこういう不思議な方法なのかわからないが、少なくとも、マウンド持ちのオスにとって利点が一つある。鳥が自分で卵を抱く場合、自分の腹の下に入る数しか抱けない、という制限があるが、巨大なマウンドに埋めるなら、何個だっていいのだ。実際、ツカツクリのマウンドには複数のメスが産卵し、時に50個もの卵が埋まっている。

そうなると、今度はその50羽の雛たちをどうやって世話するの?という問題がある。しかし、ご心配なく。生まれた雛はすぐに駆け出して森の中で自活し、親の世話を必要としない。

つまり、ツカツクリのオスはマウンドの防衛と温度管理以外、子どもの世話をしていないのである。メスに至っては産んだら終わりだ。**これほど放任主義な鳥は他にいない。どうかするとワニの方がもう少しは世話をしているくらいである。**

先に「卵をいっぱい温められるからお得」と書いたが、孵化した後の生残率まで考えれば、必ずしもお得かどうかはわからない。むしろ放任による死亡率の増加を埋め合わせるために、何十個もの卵を温めなければならなかった、そうするとマウンドに埋めるしかなかったのではないかと疑いたくなる。

ゴッドファーザー的生き方のヤブカケス

親から子に受け渡せるのは、基本的には遺伝子と体である。親が育てることによって栄養や安全を確保し、さらに学習の機会を与えることもある。そして、親から学ぶだけでなく、さらに何かを子どもに「遺す」例も少ないながらある。例えば、アメリカにすむヤブカケスだ。

ヤブカケスは名前の通り、カリフォルニアなどのやや乾燥した場所にいて、藪《やぶ》を営巣場所としている。**面白いことに雛は巣立った後も独立せず、そのまま親元に残る。そして、次の繁殖の時に子育てを手伝う。**

このような、自分の兄弟を育てる手伝いをする個体はヘルパーと呼ばれ、いくつかの鳥で見られる。よく研究された例として、アフリカに分布するヒメヤマセミを取り上げよう。

ヒメヤマセミのヘルパーは二つある。一つは血縁者が子育てを手伝う例で、1次ヘルパーと呼ばれる。この場合は兄弟姉妹、つまり自分と同じ遺伝子を持った可能性のある個体を育てていることになる。これがヘルパーとしては普通の例だ。

本当は自分で繁殖するのが一番いいのだが（生まれた子どもは自分の遺伝子の

ヤブカケスファミリー
家族のためなら抗争もいとわない

半分を受け継いでいる)、何らかの理由でそれができない場合、何もしないよりは血縁者を増やすほうがマシである(兄弟姉妹なら1/4の確率で自分と同じ遺伝子を持っている)。

もう一つが2次ヘルパーで、こちらは血縁がない。血縁もない赤の他人の子育てを手伝うとは奇妙だが、これは5章で紹介したツバメの「巣の乗っ取り」の、もっと平和的なバージョンだ。ヘルパーは子育てを手伝う代わりに縄張りに置いてもらい、とりあえずは生きていけるし、子育ての練習もできるし、縄張りの持ち主が死ねば、その後釜に座ることもできるわけだ。

まあ、後継のいないラーメン屋の住み込みバイトみたいなものである。ただし、血縁はやはり重要であるらしく、2次ヘルパーは1次ヘルパーほど熱心に働かないことも知られている。

さて、ヤブカケスの話に戻ろう。ヤブカケスのヘルパーは1次ヘルパーである。ただ、ヘルパーの仕事は雛に餌をやることよりも、縄張りを防衛し、むしろ攻撃的に縄張りを広げることだ。こうやってファミリーで大きな縄張りを防衛しないと、資源が足りない。なによりも営巣地となる藪が足りない。営巣に適した大きな藪の塊はどこにでもあるわけではないのだ。

だから、彼らは営巣場所を死守し、あわよくば隣の藪も手に入れるために激しく争う。

こうやってヘルパーの働きで縄張りを広げると、今度はヘルパーへの縄張りの割譲《かつじょう》が行われる。こうして若鳥は新たな縄張りを得て繁殖し、その子どもたちがまたヘルパーとなって、親族と共に縄張りを広げようとするわけだ。

つまり、ヤブカケスの親は子どもたちに土地を遺すのである。いや、遺すというよりは取り分を与えているというべきか。**ファミリーで結束して縄張りを守り、広げ、新たな縄張りを2代目に任せる……平たく言えば戦国武将、あるいはマフィアだ。映画『ゴッドファーザー』のコルレオーネ一家みたいなものだと思えばいい。**本家の都合で殺されたり、上納金を要求されたりはしないと思うが。

なお、もちろんだが、全てのヤブカケスが親元に残るわけではない。新天地を求めて飛び立つものもいる。

子どもに厳しい父カラス、子どもに甘い母カラス

カラスの場合も子育てにはいろいろある。日本で繁殖するハシブトガラスとハシボソガラスはどちらも一夫一妻のペアで縄張りを守るが、全てのカラスがそうだというわけではない。とはいえ、カラスの縄張りも必ずしも厳密なものではなく、ペアの密度が高すぎる場合は縄張りも極端に狭くなる。巣の周り10メートルほどを辛うじて防衛していた例が、かつての上野公園で観察されている。

こういう時はよその雛が巣に迷い込んでも気づかず、餌をやってしまったりするという。こ

れは子煩悩というより「見境がない」とでも言うべきだが、まあ、鳥の親が給餌するとはそういうことである。

　給餌するのはオスもメスも同じだが、雛への接し方が全く同じ、というわけではない。日本のカラスの場合、抱卵するのはメスだけだ。雛は生まれた時は裸で、2週間ほどは親鳥が抱いていないと凍え死んでしまうが、雛を抱くのもメスである。

　だが、少なくともハシボソガラスでは、急にひょうが降り出した時にオスが巣にやって来て、非常にためらいがちではあったが、翼を広げて巣に覆いかぶさり、雛を守ったのを見たことがある。育児に慣れていないお父さんがオムツを替えているようで面白かったが、つまり、オスだって行動パターンとして持っていないわけではないのだ。

　こういった例はウグイスでも観察したことがある。ウグイスのオスは全く子育てしないと書いたが、一度だけ、非常に珍しい光景を見た。

　河川敷の鳥の調査の一環としてウグイスの巣を探していた時だ。この時はHさん、Kさんというウグイスのプロ2人が一緒だったのになぜか巣が見つからず、3人ともさんざん藪の中に頭を突っ込むハメになった。

　そんな中で、Hさんが巣立ち直後の雛を捕まえた。巣は見つからないが繁殖の証拠ではあるのでカメラを出して撮影していたところ、そこに餌をくわえたオスがやって来たのである。それがオスだったのは、付いていた足環から確かだ。撮影、計測して雛を藪に放したところ、オスはすぐに雛を放したあたりに飛び込み、再び出てきた時には餌をくわえていなかった。給餌を確認したわけではないが、おそらく雛に与えたのだろう。

これは雛が捕まって鳴き声を上げているという極めて特殊な状況ではあったのだが、ウグイスのオスだって子どもの窮地を無視することはできないのか、と思うと、ちょっと感慨深いものがあった。

カラスの場合、子別れの時になると再び親鳥の行動に性差が出てくる。カラスは親元で過ごす期間が長く、巣立つのは5月から6月だが、少なくとも8月くらいにならないと独立しない。10月くらいまでかかるのも普通で、時には年を超えても親元にいることさえある。ところが、あまりに遅くなるとさすがに親鳥が子どもを追い出しにかかる。

秋が深まった頃、縄張り内で2羽のカラスが激烈な空中戦をやっているのを、見ることがある。カラス同士の喧嘩は時々あるが、縄張りに侵入したよそ者はすぐに逃げ出すので、激しい戦いになることは珍しい。あるとしても早春、その年の繁殖期を前に縄張り境界線を決定し直す時くらいだ。

秋の大喧嘩をよく見ていると、1羽は逃げ出そうとせず、しつこく縄張りに留まろうとしていることがわかる。だから闘争がエスカレートするのだ。そして、追われている方は羽に艶がなく、口の中が赤いはずである。つまり、その年に生まれた若鳥だ。

さらによく見ていると、若鳥を追い回している1羽の他に、近くで見ている1羽もいることに気づくだろう。一緒に飛び回っているかもしれないが、戦いには参加しないか、したとしても非常に消極的なはずである。

中村純夫の研究によると、ハシボソガラスでは子どもに対して攻撃的になるのはオスのほうである。ハシブトガラスでも似たような行動を見たことがあるので、多分、ハシブトガラスも同様だ（ただし、ハシブトガラスは夏の終わりくらいに独立してしまうことが多く、追い出されるまで居座っているニート君はあまりいない）。

一方、バタバタと飛び回っていても攻撃に参加していない方が、メスである。母親は優しいのだ。時には追い回された雛が母親の陰に隠れるようにしていることもある。そういう時、メスは右を見て左を見て、「さてどうしましょうか」とでも言うように首をかしげている。中村の考察によると、オスとメスで怒り方に温度差があったほうが、いきなり両親揃って激怒して叩き出されるよりも、独立への移行がスムーズなのではないか、とのことである。

カラスの雛は独立してもまた戻って来ることがあるようだ。個体に標識していたわけではないので確実なことは言えないが、あるハシボソガラスの例を挙げよう。巣立った雛によく似た若鳥が、1カ月ほど後にヒョイと姿を現し、縄張り内で我が物顔に餌を探していたことがある。

この時もオスと思われる個体はかなり攻撃的だったが、もう1羽、つまりメスと思われる個体はずいぶん優しかった。単なる侵入者なら、のんびり採餌など許されるわけがない。つまり、オスにしても赤の他人に対するよりは攻撃性が低かった気がするのである。

はっきりしたことは言えないが、この観察は、一度独立した子どもが何らかの理由で戻って来て「実家で飯を食っている」状態だったのではないかと考えている。父親は怒ってはいるものの叩き出すまではせず、母親も小言を言いながら許してやっているような状態だったのではないか。

そう考えると、鳥にも人間くさいところがないわけではない。もちろん人間と鳥では生理機能も認知機能も違うが、少なくとも「子どもを世話して、独立できるところまで育てる」という共通項はある。鳥にはペアを作るものが多いが、これも人間に親近感を持たせる理由の一つだ。

これが魚や昆虫になると共通性は下がるが、それでも「死なないように生きる」「子孫を残す」という共通項はある。「この行動の意味は」まで噛み砕いて考えれば（そして人間のやっていることも、ヒトという動物の行動として解釈すれば）、それなりに同じ部分はある。

なにせ、この地球のどんな生物も、うんと遡ればおそらく同じ原始生命体にいきつくのだから。

おわりに

さて。この異様に長いタイトルの本はこれでおしまいである。

あと、タイトルに入っているわりに、ハトやサメやイルカの出番があまりなかったこともお詫びすべきだろう。サメは好きなのだが、いかんせん研究しているわけではないので、サメについて語れるわけではない。もっとシャーキビリティの高い方がちゃんといらっしゃるので、そちらによろシャークお願いしたい。ハトについては、動物心理学のこれまた難解な話になり、説明が非常に長ったらしいだけでなく、私自身が十分に理解できていないことを露呈してしまう。イルカも同じだ。

正直、こういったキャッチーな動物名を使い、読者をフックする戦略にはみなさんも食傷気味ではないかと思うのだが、これもまた、生物の生存戦略のようなものであるのだろう。まぁ、本好きの方は目次くらい読んでくださるだろうから、それで内容はだいたい判断できて、「あー、いつものあの手かよ、こんな見え透いたタイトルつけやがって、こいつも落ち目だな」とせせら嗤いながら本棚に戻されるかもしれない。

いや、この文章をお読み頂いているならば、幸いにしてそうはならなかったということだが。

カラスを研究していると、当然、カラスについて尋ねられることがよくある。たとえば、「カラスと目を合わせると襲われるのだろうか?」といった質問だ。あるいは、「カラスは人を狙って糞を落とすのか?」「カラスはいじめた相手に仕返しをするのか?」「集団で報復に来るのか?」などもある。

先に答えておくと、「目を合わせても別に襲っては来ない、どころか向こうが目をそらす」「人を狙っているという証拠はない」「まずは仕返しの定義を教えてくれ」「集団で他人のために何かしてやることなんてない」である。

これらの質問には共通した点がある。カラスのやることを、ことごとく人間(か、せいぜいサル)の行動のように解釈している、という点だ。

人間同士なら、視線を合わせれば何か用があるというサインになるし、執拗に睨みつけるのは喧嘩を売っていると解釈されることもあるだろう。また、人間なら糞を落とされるのは嫌だから、狙って落とせば嫌がらせになる。いじめた相手に仕返しもするだろうし、集団で報復もあり得る。

だが、それは全て、ヒトという動物の特性に基づいていることに注意してほしい。人間同士なら、大きさがほぼ等しいからタイマンの喧嘩が成立する。だが、カラスは圧倒的に小さい（体重は人間の１／１００だ）から、そもそも殴り合いにならない。

糞はカラス自身がさして気にしないし、糞を落とした時に地面で起こっていることも全然気にしていない。

自分をいじめた相手を記憶して警戒する、あるいはナワバリから追い出そうとすることはあるが、「仕返し」はしない。そもそも、何が人間に対して仕返しになるのか、直接攻撃や威嚇以外、カラスは理解していないだろう。

そして、カラスはパートナーと血縁者以外には極めて冷淡だ。他個体が生きようが死のうが、自分に影響がない限り気にしない。他のカラスが死んでいる場合は潜在的な敵を探すために興奮して騒ぐことがあるが、あれは別に「葬い合戦じゃあ！」と盛り上がっているわけではない。単に騒いでいるだけである。

また、カラスの群れには順位はあっても指揮系統はないので、ボスが手下に指示して何かをさせる、ということもない。

そう、人間はしばしば、自分自身の行動原理を動物に投影し、勝手に動物像を作り上げ、その虚像にああだこうだ言っているわけである。

ただし、人間が作り上げた虚像も、それはそれで一つの物語であり、世界の把握の仕方の一つであることは間違いない。古代社会において、神話や伝説が世界を説明する方法であったのと同じである。例えば、カラスは仲間の葬式をするとか、悪がしこいとかいう「物語」も、それはそれで、人間にとって納得のゆくストーリーだ。

だが、ストーリーはそれ一つではない。**生物学に則った理解も、世界の見方の一つだ。動物の目から見た時に世界はどんなものか、という視点を持っているのは、悪いことではない。**例えば野生動物を観察している時、例えばカラスがゴミ袋をつつきたがっている時、あるいは、鳥がさえずっているのを眺めている時。**人間の常識から踏み出して、動物たち自身の視線に合わせて世界を見ようとする時、生物学的な解釈は極めて正しい方法である。**

もちろん、どの見方を使うかは状況次第だ——私だって猫と遊びながら「ネコは捕食動物だから動くものを反射的に追いかけるが、それによって適応度を上げているわけだから」なんて考えてはいない。そういう時は、素直に「にゃにゃにゃにゃー」と言いながら一緒に遊ぶ方が楽しいに決まっている。

ただ、その合間に「ん？　今の行動は？」などと考えてしまうのは、これはもう生物学者の業というものである。

著者略歴

松原始（まつばら・はじめ）

1969年奈良県生まれ。京都大学理学部卒業、同大学院理学研究科博士課程修了。専門は動物行動学。東京大学総合研究博物館・特任准教授。研究テーマはカラスの行動と進化。著書に『カラスの教科書』『カラス屋の双眼鏡』『鳥マニアックス』『カラスは飼えるか』など。「カラスは追い払われ、カモメは餌をもらえる」ことに理不尽を感じながら、カラスを観察したり博物館で仕事をしたりしている。

ブックデザイン　高柳雅人

イラストレーション　木原未沙紀

DTP　宇田川由美子

校正　神保幸恵

編集　綿ゆり（山と溪谷社）

カラスはずる賢い、ハトは頭が悪い、サメは狂暴、イルカは温厚って本当か？

2020年7月 1日 初版第1刷発行
2020年12月5日 初版第5刷発行

著者　松原始

発行人　川崎深雪
発行所　株式会社 山と溪谷社
〒101-0051　東京都千代田区神田神保町1丁目105番地
https://www.yamakei.co.jp/

■乱丁・落丁のお問合せ先
山と溪谷社自動応答サービス
TEL. 03-6837-5018
受付時間／10:00-12:00、13:00-17:30（土日、祝日を除く）

■内容に関するお問合せ先
山と溪谷社
TEL. 03-6744-1900（代表）

■書店・取次様からのお問合せ先
山と溪谷社受注センター
TEL. 03-6744-1919
FAX. 03-6744-1927

印刷・製本　大日本印刷株式会社

定価はカバーに表示してあります。

Printed in Japan
ISBN978-4-635-06294-7